Hubert Markl

Die Fortschrittsdroge

D1730790

Hubert Markl
Die Fortschrittsdroge

EDITION INTERFROM

CIP-Titelaufnahme der Deutschen Bibliothek

Markl, Hubert:
Die Fortschrittsdroge / Hubert Markl. —
Zürich: Edition Interfrom; Osnabrück: Fromm, 1992.
(Texte + Thesen; Bd. 243)
ISBN 3-7201-5243-X
NE: GT

Vertrieb für die Bundesrepublik Deutschland:
VERLAG A. FROMM, Osnabrück
Gestaltung: Sylve Titgemeyer, Osnabrück
Gesamtherstellung: Druck- und Verlagshaus Fromm, Osnabrück

Inhalt

Einleitung

Daß wir alle Kinder des Fortschritts sind, trifft allein deshalb zu, weil der Mensch in Jahrmillionen dauernder, fortschreitender Entwicklung zunächst als Naturwesen aus seinen Tiervorfahren hervorgegangen ist und dann über abermals Hunderttausende von Jahren seine Kultur Schritt für Schritt — Fortschritt für Fortschritt sozusagen — aus einfachen Vorstufen zu schier unendlicher Fülle entfaltet hat.

Daß dies ein Weg war, der uns keineswegs immer nur aufwärts zu immer größeren Höhen menschlicher Vollendung geführt hat — wer könnte das bestreiten? Jedes Vorwärtsschreiten kann eben auch abwärts führen, in Niederungen und Sackgassen enden. Das Gefühl, es dank des zivilisatorischen Fortschritts herrlich weit gebracht zu haben und ständig von Verbesserung zu Verbesserung fortzuschreiten — zweifellos ein beherrschendes Lebensgefühl sehr vieler Bürger „fortgeschrittener" Industrienationen des vergangenen Jahrhunderts —, ist gründlich verflogen. Durch nichts ist es wirkungsvoller vertrieben worden als gerade durch den Fortschritt wissenschaftlicher Erkenntnisse über die wirkliche Lage der Menschheit, den wirklichen Zustand der Natur- und Kulturumwelt, in der wir leben, die wirklich absehbaren Entwicklungen der Verhältnisse, die uns weltweit bevorstehen.

Gewiß, da ist schon Fortschritt eigener Art am Werk. Fortschreitend nimmt in immer schnelleren, größeren Sprüngen die Weltbevölkerung an Menschen zu. Eine weitere Milliarde — 1 000 000 000 Menschen, die alle auf 50, 60, 70, 80 Jahre gutes Leben hoffen! — wird in kaum mehr als einem Jahrzehnt zu den mehr als fünf Milliarden kommen, die schon heute existieren. Eine Milliarde: Noch 1850 war dies die ganze Weltbevölkerung! Wenn das nicht Fortschritt ist? Fortschreitend steigen weltweit — getrieben von dem Fortschritt der Erfüllung unserer unerschöpflichen Wünsche — die Belastungen von Atmosphäre, Meeren, Flüssen, Böden mit den Abfallprodukten unseres Konsums. Fortschreitend wird der Lebensraum für die allermeisten unserer pflanzlichen und tierischen Evolutionsverwandten vermindert, zerstückelt und zerstört, und fortschreitend nimmt die Zahl der Organismenarten zu, die dieser Lebensraumvernichtung endgültig zum Opfer fallen: Der Artenschwund kommt jedenfalls gut voran. Fortschritt, wohin man blickt, wenn solche bittere Ironie uns nicht im Halse stecken bleibt.

Aber genauso Fortschritt allenthalben, der uns nur zu willkommen ist. Fortschritt gesicherter Ernährung der allermeisten dieser mehr als fünf Milliarden Menschen: Trotz unbestreitbar schlimmer Hungersnöte ist es tatsächlich fast ein Wunder, daß es bisher gelungen ist, den größten Teil der unaufhörlich wachsenden Zahl der Menschen tatsächlich immer besser mit Nahrung zu versorgen. Tatsächlich wuchs in den letzten Jahrzehnten die Weltnahrungsproduktion sogar schneller als die Weltbevölkerung, nur fehlt oft Nahrung dort, wo sie benötigt wird. Und Ähnliches gilt für die meisten Güter, die wir zur Erhaltung und Entfaltung unseres Lebens brauchen. Kaum glaublich etwa auch der Fortschritt biomedizinischer Erkenntnisse der Krankheitsverhütungs- und -behandlungsmöglichkeiten, die eine ständig wachsende Zahl von Menschen von der Wiege bis zur Bahre in niemals zuvor gekannter Vollkommenheit umsorgt — was immer auch darüber an Gegenteiligem behauptet wird.

Es ist zutiefst verwirrend: Wir fühlen uns zu Superlativen hingerissen, von welcher Seite immer wir betrachten, was der Fortschritt menschlicher Entwicklung hervorgebracht hat und bewirkt. Der märchenhafte Fortschritt der Verfügbarkeit an wundervollen Möglichkeiten scheint untrennbar verbunden mit dem grauenhaften Fortschritt an Zerstörung und Vernichtung unwiederbringlicher Werte.

Daß jeder Fortschritt schon an sich ganz selbstverständlich vorteilhaft, erstrebenswert und gut sei, dieser Irrglaube ist jedenfalls — wenn er denn jemals so geglaubt worden sein sollte — ganz gründlich widerlegt. Dabei war dieses Paar wie unzertrennlich: das moderne Zeitalter und der wissenschaftlich-technische Fortschritt. Die Liebe scheint verflogen, die Beziehungen sind abgekühlt — der eine scheint dem anderen nicht viel Gutes zuzutrauen. Der Fortschritt hat uns erst hingerissen, dann mitgerissen, und heute fühlen wir uns von ihm ganz schön mitgenommen.

Andererseits ist es jedoch auch unbestreitbar, daß es wohl niemanden gibt — zu allerletzt unter den armen Opfern des bisherigen Menschheitsfortschritts —, der nicht auf Besserung seiner Verhältnisse hoffte, also auf Fortschritt, der Probleme lösen soll, die fast jeden von uns mehr oder weniger bedrängen. Tatsächlich benötigt weit mehr als die Hälfte der Menschheit wohl nichts so dringend wie Fortschritt der gesellschaftlichen und vor allem der wirtschaftlichen Verhältnisse. Ohne gewaltige, für jedermann spürbare fortschrittliche Veränderungen sieht die Zukunft der meisten sogenannten unterentwickelten Völker erbärmlich aus.

Vor allem von den neuen Erkenntnissen, Erfindungen, Entdeckungen von Wissenschaft, Forschung und Technik erwarten die meisten ganz zu Recht den Fortschritt, der gerade jene Unzuträglichkeiten beseitigt, die die jeweilig Betroffenen am drückendsten empfinden, wobei verständlicherweise oft genug dem einen begrüßter Fortschritt ist, was dem anderen als der wahre Greuel erscheint.

So leben wir zum Fortschritt in einer ungemein widersprüchlichen Beziehung: Wir wünschen ihn, wir suchen ihn, wir brauchen ihn, wir fürchten und verwünschen ihn, und oft genug alles im gleichen Atemzug.

Das alles erinnert an nichts so sehr, wie an unseren Umgang mit einer gefährlichen Droge, auf die wir zugleich nicht verzichten können. Die gleiche Ambivalenz der Wertigkeit läßt uns in Drogen begehrte Stimulantien unserer Lebenskräfte, unersetzliche Heilmittel gegen Krankheit und Beschwerden wie auch gefährlich berauschende Suchtmittel finden. Soweit wir wissen, gibt es keine und gab es niemals eine menschliche Kulturgemeinschaft, die sich nicht irgendwelcher Drogensubstanzen bedient hätte, die, umsichtig gebraucht, erwünschte Wirkungen erzielten, während ihr Mißbrauch zerstörerische Gesundheitsschäden und lebensbedrohende Vergiftung zur Folge haben konnte.

Ich habe deshalb diese Beiträge, die sich vor allem mit verschiedenen Aspekten der Rolle von Wissenschaft und Forschung für das, was man den Fortschritt nennt, befassen — also der fortschreitenden, gezielten Veränderung menschlicher Lebensverhältnisse —, unter den sicher etwas suggestiven Titel „Fortschrittsdroge" gestellt, um dadurch zu verdeutlichen, daß uns der Fortschritt, vor allem der wissenschaftsgetriebene, forschungsabhängige Fortschritt, ein unentbehrlicher Anreiz für alle unsere Lebensbemühungen ist; daß wir sein Wirken unübersehbar nötig haben, wenn wir vor allem die Probleme lösen wollen, die wir mit der kulturell-zivilisatorischen Entwicklung menschlicher Gesellschaften selbst erzeugt haben; und daß wir dem Wunsch nach wirkungsvollerem Fortschritt, nach immer mehr davon in vieler Hinsicht verfallen sind wie einer Sucht, die uns gefährdet und bedroht, weil wir sie immer besinnungsloser zu befriedigen suchen.

Die Einzelbeiträge sind zwar aus unterschiedlichen Anlässen entstanden, sie haben jedoch gemeinsam, daß sie die Fragen, vor die uns der Fortschritt von Wissenschaft und Praxis stellt, immer wieder aus anderem Blickwinkel zu analysieren und zu beantworten suchen.

Zunächst suche ich zu erläutern, warum Forschung und Fortschritt zumindest seit der beginnenden Neuzeit untrennbar miteinander verbunden sind und warum die positive Rückwirkungsbeziehung zwischen den beiden Phänomenen menschlicher Entwicklung zu einer sich ständig weiter und rascher aufschaukelnden Dynamik dieser Entwicklung führen muß.

Die Folgen davon sind vielfältig, bündeln sich in ihren Auswirkungen jedoch vor allem in zweifacher Weise: in der Massenvermehrung der Menschheit und der Massensteigerung ihres Energie- und Güterkonsums. Beides zusammen hat die Menschheit und mit ihr die ganze Biosphäre in eine globale Umweltkrise geführt, mit deren Ursachen und Auswirkungen sich der zweite Beitrag befaßt.

Ein, wenn nicht der wesentliche Ursachenfaktor für die rasante Populationsdynamik der Menschheit ist in den Erfolgen der wissenschaftlichen Krankheitsvermeidung und Krankheitsbehandlung zu sehen, die vor allem Erfolge fortschreitender Einsicht in die molekularbiochemische Natur des Menschen und die Möglichkeiten unseres Umgangs mit ihr waren. Die Probleme des Fortschritts von Forschung und Wissenschaft lassen sich kaum an einem anderen Beispiel so klar verdeutlichen, denn je tiefer die biologisch-medizinische Forschung in den Bau, die Mechanismen und Funktionen des menschlichen Körpers — bis hinein in seine innersten Erbanlagen — vordringt, um so bedrängender werden die ethischen Fragen nach den Grenzen solcher Erforschung des Menschen und seiner dadurch möglich werdenden Manipulation. Die Widersprüche, in die uns dieser biomedizinische Fortschritt führen kann, mag man daran ermessen, daß wir einerseits durch den Fortschritt der Pränataldiagnostik schwerer genetischer Defekte dafür sorgen, daß die Zahl erbkranker Neugeborener abnimmt, während gleichzeitig der Fortschritt in der Lebenserhaltung nach immer kürzerer Schwangerschaft frühgeborener Babys dazu beiträgt, daß der Nachschub an oft nicht weniger schwer behinderten Kindern nicht abreißt.

Solche Fragen machen es auch notwendig, die Beziehung von Wissenschaft und Forschung zur politischen Macht, zur gesellschaftlichen Öffentlichkeit und zu den Rechtsnormen zu betrachten, was in den folgenden Beiträgen geschieht. So richtig es nämlich ist, daß wissenschaftlicher Fortschritt — gerade auch zum Guten, zur Lösung brennender Probleme — nur möglich ist, wenn Forscher in größtmöglicher Freiheit nach neuen Erkenntnissen suchen können, so richtig bleibt auch, daß diese Freiheit nicht schrankenlos sein kann, daß sie sich moralischen Normen zu unterwerfen hat. Sie wird überhaupt für die menschliche Gemeinschaft nur dadurch erträglich, daß von den Wissenschaftlern selbst wie von der wachsamen Öffentlichkeit ständig kritisch betrachtet wird, was die Wissenschaft anstrebt, sucht und findet und was sich daraus ergeben kann — an Gutem wie an Schlechtem. Nur dadurch kann dafür gesorgt werden, daß der Preis dieser Freiheit des Forschens für die Allgemeinheit nicht zu hoch wird und daß andererseits sich bietende Gewinnchancen auch genutzt werden — und dies keineswegs etwa nur in finanzieller Hinsicht.

Wissenschaft benötigt den Freiraum des Forschens, den ihr nur das Vertrauen der Gesellschaft in die Zuverlässigkeit und Redlichkeit ihres Bemühens geben kann; Voraussetzung dafür ist jedoch, daß sie nicht aufhört, für dieses Vertrauen zu werben, indem sie ihr erkenntnissuchendes Handeln öffentlich zugänglich und verständlich macht und sich dabei auch der unvermeidlichen Kritik aussetzt. Das Freiheitsrecht, nach Wissen zu streben, hat hohen Verfassungsrang. Dieses gesetzlich garantierte Anrecht verpflichtet die Wissenschaft jedoch in besonderem Maße, es nicht zu mißbrauchen.

Die Menschheit als fortschrittssüchtig zu bezeichnen dürfte vor allem angesichts ihrer jüngeren Geschichte nicht ganz falsch sein. Wissenschaft und Forschung haben gewiß ein gerüttelt Maß an Mitverantwortung an dieser Sucht. Zur negativen Betrachtung dieser Entwicklung gehört jedoch untrennbar auch der positive Aspekt: Der drogenhaft angetriebenen Veränderungs- und Vermehrungssucht in fast jeder Hinsicht entspricht im Guten — und mit abertausendfach guten, von jedem von uns täglich verspürten Wirkungen — die Suche des forschenden Menschen nach verläßlichem Wissen, nach zuverlässig verfügbaren Erkenntnissen, nach vertiefter Einsicht in uns selbst wie in die Wirklichkeit, in der wir leben. Ohne diese Bereitschaft zur Suche nach Wahrheit — jedenfalls nach dem, was unserem beschränkten Verstand davon zugänglich ist — gäbe es gar keine Menschlichkeit, unterschieden wir uns eigentlich nicht von unseren Tierverwandten. Die nachteiligen Kosten des Fortschritts, die wir für dieses hohe Gut unserer Fähigkeit, nach Erkenntnis zu suchen und Erkenntnis zu finden, bezahlen, sind unbestreitbar und müssen wie immer möglich vermindert werden, was häufig allerdings wiederum nur Fortschritt und Forschung bewirken können.

Mit diesem Doppelaspekt der Wirkung der Fortschrittsdroge zu leben, ist unabänderlicher Teil unserer Existenz als Menschen.

Fortschritt und Forschung
Schlüsselbegriffe der Neuzeit

Es dürfte kaum einen anderen Begriff geben, der das
Lebensgefühl und die Weltanschauung der Neuzeit
besser kennzeichnet als der Begriff Fortschritt. Freiheit
— danach dürsteten gewiß schon die Sklaven der Antike. Gerechtigkeit — das verhieß schon das römische
Recht wie das aller anderen Völker. Menschenrechte —
ihre Grundlagen lehrte das Abendland die stoische Philosophie. Nächstenliebe — wer würde ausgerechnet
darin das Kennzeichen unserer Epoche zu erkennen
vermögen? Aber Fortschritt — das sind ganz wir, das
sind wir ganz, die selbstermündigten Kinder der Aufklärung, des wissenschaftlichen Zeitalters, der wissenschaftlich-technischen Industriezivilisation!

Fortschritt: Unter seinem Banner wurde die Vergangenheit nicht zum verlorenen Paradies, sondern zum
überwundenen Rückstandsgebiet erklärt.

Fortschritt: Er verklärte die nach wie vor ungewisse
Zukunft zur lockenden Verheißung.

Ohne Fortschrittserwartung war das Leben im besten
Fall ein erträglicher, im schlechteren ein zu überstehen-
der Zustand, allenfalls durch Hoffnung auf individuelle
Erlösung in einem besseren Jenseits gelindert.

Vom Fortschritt beflügelt wurde hingegen das Dasein
zum Weg auf ein gemeinsames, durchaus irdisches Ziel:
die immer bessere, die sich stets aufs neue selbst über-
treffende, schönere Welt, in der der fortschrittsbeseelte
Mensch eigentlich nur deshalb nicht zu Ruhe und Zufriedenheit kommt, weil er immer wieder fortschreitend zu nochmals Besserem aufbrechen muß.

Für den Fortschritt ist heute immer schon gestern, die
Gegenwart eine schon wieder verbrauchte Zukunft,
die immer weiter zu entdecken, zu erobern, zu koloni-

sieren und alsbald in die Deponie der Geschichte abzulagern, zum Lebensauftrag, zum Sinn allen Daseins wird.

Zukunft — das ist die Parole des Fortschritts; was zur Gegenwart wird, ist eigentlich schon überholt. Das wahre Leben ist der Entwurf — concept art als Lebenskunst des Fortschrittszeitalters!

Kein Zweifel, dem Fortschritt gehört unser Alltag. Dem Fortschritt hat sich auch jede demokratische Politik verschrieben; sie ist immer dabei, die Unvollkommenheiten, die Unzuträglichkeiten, die Unerträglichkeiten der existierenden Verhältnisse durch Reformen zu überwinden. Selbst wer die Folgen, die Kosten, die Lasten des Fortschritts anprangert, zögert nicht, sogleich zur Wahl einer anderen, fortschrittlicheren Politik und Wirtschaftsform, einer anderen, besseren, reformierten Lebensweise aufzurufen, damit endlich das Beharren im Zustand der Unvollkommenheit überwunden wird, um gemeinsam mit unseren Kindern und Enkeln in einer besseren, gesünderen, schöneren, eben fortschrittlicheren Welt leben zu können. Wer möchte dies nicht? So wird novelliert, reformiert, optimiert, progrediert, programmiert, kurzum: Zukunft bewältigt.

Der Fortschritt ist an allem schuld

Fortschritt ist ein Schlüsselbegriff der Neuzeit, wenn sie als die Zeit gilt, in deren Lebensgefühl wir uns wiedererkennen. Was Fortschritt aber wirklich ist, bleibt schwer zu fassen. Woher kommt Fortschritt, wohin führt er uns? Sicher scheint uns nur, daß der Fortschritt an allem schuld ist: schuld an den unverkennbaren Errungenschaften unserer neuzeitlichen Zivilisation —

dem unvergleichlichen Wohlstand, der gesichert-verlängerten Lebenserwartung, den tausend Mitteln gegen Schmerzen und Leiden, der Kultur für jeden und Bildung für alle, dem Streß von Urlaub und Fernreisen und demnächst dem Weihnachtsabend-Videobildtelefonat mit der Oma in Oklahoma. Schuld aber genauso an den wachsend-bedrückenden Schrecknissen unseres Jahrhunderts: den überquellenden Abfallbergen, dem dank immer raffinierterer medizinischer Technik nicht endenwollenden Siechtum, den milliardenfach anschwellenden, aggressiv-aufbegehrenden Menschenscharen in niedergewirtschafteten, überfüllten Lebensräumen, der Überflutung mit Lärm und Abgasen, der Hetze eines reizüberfluteten, abgestumpften, immer neue Reize suchenden konsum-delirierenden Lebens, der hautnahen Sofortinformation in Farbbild und Stereoton über jede Brandkatastrophe, jeden Vulkanausbruch und die fortgeschrittenste aller fortgeschrittenen Technologien: der technisch perfekt inszenierten Menschenvernichtung.

Wir leben fürwahr mitten im und mit dem Fortschritt, auch wenn wir ihn nicht immer verstehen. Wir wissen nur: der Fortschritt ist schuld an den glänzenden Errungenschaften wie an den einzigartigen Schrecknissen dieser Epoche. Manchmal scheint es, als sei dieser Neuzeitmensch der ins Gegenteil gewendete Midas, dem sich fast alles dem Fortschritt abgewonnene glänzende Gold unter den gierigen Händen in Kot verwandelt. Der Fortschritt ist an allem schuld, und schuld am Fortschritt ist, wer wollte es noch bezweifeln: die Forschung. Vielleicht kann die Forschung sogar mit dem Fortschritt darum konkurrieren, wer von beiden die fortschreitende Neuzeit besser kennzeichnet.

Und schuld am Fortschritt ist die Forschung

Man könnte nun meinen, Forschung habe es doch immer schon gegeben. Dies beruht wohl auf der Verwechslung mit Wissenschaft, dem Mutterboden neuzeitlicher Forschung. Wissenschaft, die Suche nach sicherer Erkenntnis, die hat es freilich schon immer gegeben. „Von Natur aus streben alle Menschen nach Wissen" — damit beginnt Aristoteles seine Metaphysik. Wir sind die Primatenart, die es ganz genau wissen will, die mehr als erfahren, die Erfahrung erklären und ihresgleichen darüber belehren will. Daß wir aus unserer Natur heraus gar nicht anders können, als dies zu wollen: wissen, verstehen, erklären — das allein macht uns anders als unsere Tierverwandten. Wir essen und trinken, wir lieben und leiden wie sie — aber unser Wissensdrang hat uns aus ihrer Nähe entführt.
Wir wollen nicht nur selbst wissen, sondern wir wollen unseresgleichen belehren und unsere Erfahrungen weitergeben. Unsere Kinder versuchen wir mit unerschöpflicher Hingabe davon zu überzeugen, daß wir es besser wissen; mehr als 700 000 Schullehrer lassen wir es uns im angewachsenen Deutschland kosten, damit sie uns dabei helfen. Viele Hunderttausende, wahrscheinlich Millionen Menschen allein in Deutschland leben davon, Tag für Tag Abermillionen von Zeitungs- und Buchseiten vollzuschreiben, zu drucken und rund um die Uhr aus Rundfunk und Fernsehen auf uns einzureden. Alles nur aus einem Bestreben, ihre Mitmenschen an dem, was sie für mit-teilenswert halten, teilhaben zu lassen, sie zu informieren, was nichts anderes bedeutet, als ihrem aufnahmewilligen Bewußtsein Erfahrungen, Meinungen, Erkenntnisse, Gedanken, Begriffe, Neigungen und Abneigungen einzuprägen.

Es ist schon richtig: Von Natur aus streben wir alle nach Wissen, und während unsere schimpansischen Vettern in jeder Generation von neuem damit beginnen müssen, verleiht uns diese Gabe, zu wissen und Gewußtes von Generation zu Generation bewahrt und vermehrt weiterzugeben, tatsächlich eine potentiell unsterbliche geistige Qualität, die uns von jedem Tier unterscheidet.

Machen wir uns dennoch nichts vor: Auch wir sind vergängliche, entbehrliche Transportbehälter dieser unaufhörlichen Weiterentfaltung menschlichen Geistes. Schon für unsere Kinder wie für den Nachwuchs im Geiste sind wir fast schon wieder überwundene Zwischenformen geistiger Weiterentwicklung, bestenfalls Leitfossilien des wissenschaftlichen Fortschritts, allenfalls geeignet als Namensgeber für längst überschrittene Schichten in der Stratigraphie der menschlichen Wissensakkumulation.

Wissenschaftsbefähigung und Wissenschaftsbereitschaft des Menschen bereiteten zweifellos seit jeher dem Fortschritt den Boden. Wie aber dann erst die Forschung? Forschung ist nicht einfach Wissenschaft in Reinkultur, zur Profession gemacht. Forschung ist eine spezifische, von individueller Beliebigkeit des Vorgehens gereinigte, nach sorgfältig ausgearbeiteten und zu erlernenden Vorschriften angeleitete gemeinschaftliche Produktionsform der Wissenschaft.

Über Forschung und Forscher gibt es natürlich viele bösartig-hellsichtige Sottisen, die ihre Vorgehensweise im sarkastischen Zerrbild trefflich ausleuchten. Wenn ein Professor laut liest, so heißt es da etwa, dann lehrt er; liest er aber leise, so forscht er. Oder schreibt er von einem Buch ab, so plagiiert er; schreibt er von vielen ab, forscht er. Oder: Wer das glaubt, was er liest, studiert; wer es bezweifelt, der forscht bereits.

Das ist durchaus richtig beobachtet: Forschung rezipiert immer zuerst das von anderen Erforschte, verdichtet es und läßt es zugleich hinter sich, indem sie es kritisch prüft. Forschung ist daher (nicht im Gegensatz zur, sondern in Vollendung von wissenschaftlicher, d. h. rational argumentierender Vorgehensweise) die systematische, verfahrensmäßig geregelte Methode zur gezielten und effizient optimierten Erlangung nachprüfbarer, zuverlässiger wissenschaftlicher Erkenntnis. Forschung ist damit zugleich immer das Weiterforschen, wo andere aufgehört haben; das Weiterbauen auf Grundsteinen und Gerüsten, die andere errichtet haben; damit allerdings (leider) auch mitunter das Weitergehen auf Irrwegen, die andere eingeschlagen haben.

Forschung ist immer Gemeinschaftswerk, sie ist mit einem Wort die „Industrieform" der Wissenschaft (zur Erinnerung: industria heißt Eifer!), die Wissen nicht einfach nur sucht, pflegt, kultiviert und mit ihm die preziösen Spiele des Geistes spielt. Forschung ist der arbeitsteilige, methodisch disziplinierte, koordinierte Einsatz geistiger Produktivkräfte vieler Menschen, mittels derer die unerschöpfliche Welt der Fragen in definierte Probleme zerlegt, der Bearbeitung in Forschungsprojekten unterworfen und im Erfolgsfall in zuverlässigen Antworten und Problemlösungen druck-, veröffentlichungs- und brauchfertig verpackt und gelegentlich auch verkauft wird.

Das Ergebnis: Forschung macht wissenschaftliche Erkenntnisse zum gleichsam nach Betriebsanleitung herstellbaren Gut, zum Produkt, das man besitzen, verkaufen, entwenden, patentieren und mit dem man auch handeln kann. Nur im Idealfall der reinen Grundlagenforschung werden ihre Ergebnisse zum freien, möglichst jedermann zugänglichen Gemeingut; sie werden damit aber zugleich selbst wieder zum Produktionsmittel für neue Forschung, neue Entdeckungen und Entwicklungen, neue Projekte und neue Wissensprodukte. Das gilt in besonderem Maße für die natur- und ingenieurwissenschaftliche Forschung. Etwas weiter gefaßt gilt es aber für vieles, was uns die Geistes- und Sozialwissenschaften an wirklichen oder vermeintlichen Einsichten in Kultur und Gesellschaft bescheren. Allein die Tatsache, daß Diktatoren aller Zeiten es immer lohnend oder notwendig fanden, gerade die Ergebnisse der Kulturwissenschaften zu kontrollieren, zu reglementieren, zu eskamotieren oder schlicht zu supprimieren und deren Erzeuger zu terrorisieren, zeigt, daß auch deren Ergebnisse — vermutlich sogar in besonderer Weise — handlungsbestimmender Art sind.

Forschung als planmäßig einsetzbare, erlernbare, quasiindustrielle Erkenntniserzeugungs- oder Erkenntniseroberungsstrategie: Steht das nicht im eklatanten Widerspruch zu den zahllosen Belegen dafür, daß das wissenschaftlich Neue am ehesten von jenen hervorgebracht wird, die gleichsam spielerisch, absichtslos, fern allen unmittelbaren Verwertungsinteressen, allein aus Entdeckerfreude ihren Einfällen folgen und so wie zufällig auf jene Goldadern stoßen, deren systematischen Aus- und Abbau sie dann den minderen Kreaturen im wissenschaftlichen Weinberg des Herrn überlassen, den Tagelöhnern im Betrieb der Forschung? Dies ist nur ein Scheinwiderspruch, der daher rührt, daß Forschung vor allem als Leistung einzelner Individuen — der begabten, begnadeten Ausnahmetalente — verkannt, d. h. einmal mehr mit Wissenschaft als individuellem Erkenntnisstreben verwechselt wird. Tatsächlich sind die Ergebnisse der Forschung das Resultat vielfältig verflochtener, komplex und arbeitsteilig organisierter Gemeinschaften von Menschen, in denen übrigens die lange Verstorbenen durch ihre fortlebenden geistigen Leistungen gleichberechtigt weiter mitwirken können. (Die Toten sind sogar für manche die liebsten Kollegen, kann man sie doch nach Herzenslust kritisieren, ohne Widerspruch oder gar Vergeltung befürchten zu müssen!)

In dieser nicht nur deutschen, sondern weltweiten Forschungsgemeinschaft hat übrigens der innovative, aber vielleicht zu systematisch-hypothesengeleiteter Arbeit weniger geeignete, originelle Spinner genauso seinen produktiven Platz wie der gründliche Exekutor präzis geplanter Untersuchungsprogramme, der experimentell begnadete Prestidigitateur genauso wie der analytisch unbestechliche Theoretiker mit zwei linken Händen.

Forschung ist ein Gemeinschaftswerk, das der vielen verschiedenen Talente bedarf, damit einige unter ihnen — als die wahren Genies ausgezeichnet — so orchideenhaft erblühen können, wie es ihnen eben nur eine weitverflochtene unterirdisch-unsichtbare Mykorrhiza an Vor- und Zuarbeitern ermöglicht.

Der Zusammenhang von Forschung und Fortschritt

Wie hängen nun aber Fortschritt und Forschung zusammen, was macht sie zu diesen untrennbaren siamesischen Zwillingen menschlicher Veränderungskraft und Veränderungssucht? Wie treibt die Forschung den gesellschaftlichen, wirtschaftlichen, politischen Fortschritt, um dann wieder — verführte Verführerin — selbst durch den erreichten Fortschritt von immer neuen Forschungsherausforderungen zu neuen Forschungserfolgen hingerissen zu werden? Was macht dieses Dioskurenpaar neuzeitlicher Menschengeschichte so unvermeidlich, so unentbehrlich, so unheimlich, so ungeheuerlich und so unüberwindlich (vielleicht am Ende auch noch so unbezahlbar)?

Zur Beantwortung solcher Fragen ist es nützlich, im Lexikon nachzuschlagen, was dort unter Fortschritt vermerkt ist. Fortschritt, so heißt es da, sei „systematisch eine zweckbestimmte Veränderung durch menschliches Handeln, insofern dessen Maßstab im Detail das Bessermachen ist. Fortschritte unterscheiden sich daher auch von Entwicklungen im allgemeinen durch das Kriterium zunehmend besser realisierter Zwecke"; Fortschritt, so wird in Mittelstrassens „Enzyklopädie Philosophie und Wissenschaftstheorie" weiter ausgeführt, sei „primär das lineare, in ständig kürzeren Zeitschritten erfolgende quantitative und/oder qualitative Anwachsen eines theoretischen Wissens und seiner technischen Nutzung" — das muß man sich auf der Zunge zergehen lassen.

Von diesem Formulierungsglücksfall abgesehen, diese Definition liefert die richtigen Stichworte: Fortschritt als zweckbestimmte Veränderung durch menschliches Handeln zur Verbesserung der Verhältnisse mittels Wissensvermehrung und deren technischer Nutzung.

Kanonisiert diese Lexikondefinition aber nicht zugleich eine Dichotomie: hier zweckgeleitetes menschliches Perfektionieren, dort zwecklos-blinder Naturablauf, was es uns verbieten sollte, das Fortschreiten der biologischen Evolution mit dem Fortschritt der Kulturmenschheit zu vergleichen? Aus meiner Sicht der Dinge können das Vergleichbare und das Unvergleichbare der beiden Prozesse, auf die dieser Fortschrittsbegriff abhebt, sehr Wichtiges über die Bedingungen des Fortschritts — zum Unterschied vom bloßen Wandel der Dinge — und insbesondere mit Bezug zur Forschung lehren.

Der natürliche Fortschritt der Evolution

Wie ist das mit dem Fortschritt, den die natürliche Evolution der Lebewesen hervorbringt? War es nicht die unübersehbare Angepaßtheit und offenkundige Zweckmäßigkeit, mit der auch noch die unscheinbarste Organismenart in ihre natürliche Lebensgemeinschaft paßte, die die einen zum teleologischen Schöpfungsbeweis — die Natur als gottgegebene Schöpfungsplanwirtschaft! —, die anderen, am herausragendsten Charles Darwin, zur Erklärung teleonomer Zweckmäßigkeit durch natürliche Zuchtwahl herausforderten? Wird da nicht ständig verändert, wobei der „Maßstab" bis ins letzte „Detail" das „Bessermachen", das Optimieren ist?

Die Wissenschaft glaubt heute sehr wohl zu verstehen, wie es ganz ohne vorbestimmte Zweckplanung zur unaufhörlich fortwirkenden Verbesserung von Anpassungen an die gegebenen Lebensumstände kommen kann, indem aus der Fülle der genetischen Varianten — vor allem im Prozeß der sexuellen Neuverteilung der Erbanlagen — von Generation zu Generation die relative Häufigkeit jener Typen zunimmt, die im Rahmen gegebener Entwicklungspotentiale den höchsten Vermehrungsertrag erwirtschaften können.

Es verwirrt auch nur jene, die sich sowieso leicht verwirren lassen, daß bei der Entstehung der genetischen Varianten zwar auch Zufallsverteilungsprinzipien am Werk sind, die eine Vorhersage der evolutiven Entwicklungen aus Anfangsbedingungen im strengen Sinne unmöglich machen, daß sich dies jedoch in einem Zustandsraum der Verwirklichungsmöglichkeiten abspielt, der nicht unendlich ist und der nicht jeder beliebig zusammengewürfelten Variation zu existieren gestattet. Neuentwicklungen sind daher nur im Rahmen historisch entstandener Entwicklungsbeschränkungen möglich, sei es in kleinen oder größeren Schritten, was letzten Endes aber immer zur Folge hat, daß man sich in seinen Kindern wiederzuerkennen pflegt.

Es macht auch keine besondere Mühe zu begreifen, daß das Darwinsche Evolutionsprinzip den Organismen nur eine zeitlich und zustandsräumlich lokale Optimierung gestattet, also nicht auf geheimnisvolle Weise einem ein für allemal festgelegten, absoluten Optimum zustrebt, sondern nur unter den jeweils konkurrierenden Typen den besser funktionierenden, reproduktiv erfolgreicheren die besseren Überlebenschancen gewährt. Es gibt ihn daher sehr wohl, den evolutiven Fortschritt, der die Lebewesen die Abhänge der Fitneßlandschaft hinaufgeleitet, aber nichts bestimmt vorher, daß es zu optimalen Lösungen der Überlebensprobleme kommen muß.

Nicht zu übersehen ist, daß die Menschheit derzeit auf ihrer einzigen Wirtskugel Gaia außer Rand und Band ihren Vermehrungserfolg optimiert, so daß es vielleicht nicht falsch wäre, wenn auch die una sancta und alle, die ihr in unerschütterlichem Gottvertrauen zu folgen bereit sind, bald zur Kenntnis nähmen, daß das Sonnensystem ziemlich dünn mit Planeten besiedelt ist, so daß es wohl trotz aller hochfliegenden Pläne der Raumfahrtagenturen voraussichtlich nicht zu einer panplanetaren Menschheitsepidemie kommen kann. Da dies so ist, scheint es das beste, die Tragekapazität der guten Mutter Erde nicht durch schrankenloses Weiterverfolgen des päpstlich-darwinischen reproduktiven Optimierungsziels aufs Spiel zu setzen. Es ist einer der gefährlichsten Irrtümer des Fortschrittsglaubens, daß am Ende des Optimierens ein Optimum stehen muß; das genaue Gegenteil kann der Fall sein. Im Volksmund heißt das kurz und treffend: Hochmut kommt vor dem

Fall! Was in evolutiver Perspektive gemäß Matthäus 19,30 nicht selten dazu führte, daß die Letzten die Ersten wurden, daß gerade die unscheinbarsten und zeitweise keineswegs besonders erfolgreichen Spezies nach Niedergang der Erfolgstypen die besten Chancen zur Weiterentwicklung bekamen — allerdings wiederum mit der gemischt-gesegneten Aussicht, selbst später auf dem Erfolgspfad des Fortschritts zu scheitern.

Fortschritt als Kulturleistung

Die Leichtigkeit, mit der die Betrachtung des evolutiven Fortschritts dazu führt, den metaphorischen Sprung herüber zur Kulturmenschheit zu tun, ist ein Zeichen dafür, daß das, was wir als Fortschritt im neuzeitlich-zivilisatorischen Sinne vestehen, nicht gänzlich anders anzusehen ist als jener in der belebten Natur. Wo aber liegen die Unterschiede? Offenkundig darin, daß Mikroben, Pflanzen und Tiere im Generationentakt durch Mutation und Rekombination neue Problemlösungsversuche in die Daseinsbewährung entsenden, während der geist-, wissenschafts- und forschungsbegabte Homo sapiens erdachte oder erprobte Handlungsvarianten der Bewertung nach Ursache-Wirkung-Beziehungen unterwirft.

Das Erfahrene ursächlich zu verstehen, die dabei wirkenden Prinzipien abstrahierend einzusehen und das so Erkannte anderen mitzuteilen, um sie sozusagen ohne eigenes Erproben am Erfolg ihrer Lehrer lernend teilhaben zu lassen, das alles macht Menschen zu etwas Besonderem: besonders schlau, besonders geschickt, besonders erfolgreich, einzigartig unter den Lebewesen und daher beispiellos, eine Novität der biologischen Evolution, ein gewagter Versuch, sich nach fast vier

Milliarden Jahren genetischer Evolution etwas Neues, Besseres einfallen zu lassen. Ein erster Versuch sozusagen. Wen könnte es wundern, wenn er nicht in jeder Hinsicht gelungen wäre?

Die Gefährdungen des biologisch-evolutiven Fortschritts gelten in dem neuen, dem kultur-evolutiven Explorations- und Fortschrittsverfahren weiter, sowohl was die vergrößerten Chancen als auch was die gestiegenen Risiken betrifft: Beide wachsen in ständig beschleunigter Dynamik.

Die Risiken lokaler Optimierungsziele müssen keineswegs dazu führen, daß das optimierende Teilsystem (eine Partei, ein Wirtschaftsunternehmen, eine wissenschaftliche Disziplin oder Institution) notwendigerweise zu einem bleibenden Optimalzustand gelangt bzw. das größere Ganze dadurch notwendigerweise in einen besseren Zustand geführt wird. Was die Wirtschaftstheoretiker als Marktversagen, als Gefangenendilemmata, als Rationalitätsfallen, als durch externe Effekte bedingte Dysfunktionalitäten sozialer Organisation beschreiben, kennen wir schon aus dem Fortschrittsstreben der biologischen Evolution, wenngleich durch die Mechanismen menschlichen Entwicklungsfortschritts diese Probleme genauso wie die Erfolge schneller, wirkungsmächtiger, ungezügelter hervorbrechen.

Und die Forschung? Ist es falsch, in ihr den Motor der explorativen Innovation zu sehen, der die Fortschrittsmaschine mit den Handlungsoptionen füttert, wie Mutation und sexuelle Variation die Maschinerie der natürlichen Zuchtwahl speisen und treiben? Kombinieren die findigen Forscher nicht, wo die Bakterien rekombinieren? Hier zeigen sich schnell die Grenzen solcher Vergleiche. Gewiß schafft die unaufhörliche genetische Variation eine ständig sich wandelnde Landschaft von

Lebens- und Selektionsbedingungen, die alle beteiligten Organismen dazu zwingen, durch ständiges Weitervariieren nach Möglichkeiten zu suchen, den neuen Bedingungen mit neuen Lösungen zu begegnen. Aber der biologische Prozeß verläuft dabei in endloser Wiederholung des Rundlaufs der Generationen ohne jedes Bewußtsein seiner selbst.

Forschung als Selbsterforschung

Die Entwicklungsprinzipien des menschlich-gesellschaftlich-kulturell-zivilisatorischen Fortschritts hingegen enthalten zusätzlich eine ganz neue Komponente, die das Geschehen fundamental zu verändern vermag! Denn der menschliche Fortschritt kann seiner Beweggründe, Abläufe, Ziele und sogar seiner zukünftigen Möglichkeiten und Gefahren bewußt werden, und zwar durch jene Leistung des menschlichen Erkenntnisvermögens, die diese Entwicklung antreibt und speist: wissenschaftliche Forschung.

Forschung ist daher nicht nur der Motor, sondern auch das Sensorium und das Gehirn des Fortschritts; sie ist gewiß nicht der einzige Weg zur Erkenntnis der besonderen, beispiellosen, einzigartigen menschlichen Lage (das intuitive Einfühlungsvermögen sprach- und bildermächtiger Künstler zeigt uns manchmal die Wirklichkeit, in der wir leben, viel eindrücklicher, als das die Forschung kann). Aber die Selbsterforschung — die herausragende wissenschaftliche Leistung gerade der Kultur-, der Geistes- und Sozialwissenschaften — kann in einer einzigartig systematischen ursächlich-aufklärenden Weise darüber Kenntnisse vermitteln, welche Wirkfaktoren unseres Handelns in welcher Weise zu welchen Folgen führen können.

Die Erkenntnisleistungen der Forschung werden dadurch wiederum unvermeidlich zum Anlaß neuer Veränderungsmöglichkeiten, deren Auswirkungen — und seien sie noch so gut gemeint konzipiert, lokal optimiert gedacht — notwendigerweise neue Problemkonstellationen heraufbeschwören, die ihrerseits zu Erkenntnisanstrengungen und Problemlösungsversuchen der Forschung herausfordern — im unauflöslichen Wirkungskreis unentbehrlicher Forschungs-Fortschritts-Beziehungen. Im Unterschied zum evolutivbiologischen Fortschritt erlaubt uns die fortschreitende theoretische Durchdringung der Bedingungen unseres Daseins und seines selbstbewirkten Fortschreitens mehr als nur das hilflose Zusehen beim unaufhaltsamen Ablauf der Geschehnisse.

Forschung als Selbsterforschung, Kenntnis als Selbsterkenntnis, Bewußtsein unserer selbsterzeugten Lage als Selbstbewußtsein der Verantwortung für die Verhältnisse, in denen wir existieren, Wissen als Herausforderung des Gewissens gestatten der Menschheit zwar nicht den Ausstieg aus dem unaufhaltsamen Veränderungskreislauf von Problemerzeugung — Problemerkenntnis — Problemlösung, aber wissenschaftliche Forschung erlaubt überschaubare Abschnitte vorauszubetrachten und vorauszubedenken und damit menschliches Handeln nicht einfach blindlings in eine dunkle Zukunft hineinwirken zu lassen, sondern in eine erwünschte Richtung zu lenken. Das ist zugleich die Lösung des Rätsels, das uns das verhängnisvoll ambivalente Verhältnis von Forschung und Fortschritt aufgibt.

So liegt die Kraft der wissenschaftlichen Forschung zugleich in der Verpflichtung zur Suche nach Wahrheit, nach verläßlicher Erkenntnis der Wirklichkeit wie in ihrer Fähigkeit — im Gegensatz zum biologischen

Fortschritt —, die forschend-fortschreitend Handelnden über sich selbst aufzuklären. Deshalb kann die Forschung in ihrer selbstkritischen Funktion zur notwendigen Bewältigung des Übergangs von der Expansions- und Ausbeutungsphase zur Erhaltungs- und Erneuerungsphase der Bewirtschaftung unseres Lebensraumes beitragen. Dies fordert eine Aufklärung zweiter Art durch wissenschaftlich gesicherte Einsichten heraus: Der Befreiung aus einer selbstverschuldeten Unmündigkeit, die uns die erste Aufklärung brachte, muß nun die Befreiung von selbstverschuldeter Unbändigkeit, von Übermut und Maßlosigkeit folgen.

Damit wird Forschung zu mehr als einem bloßen Antriebsmittel des Fortschritts und auch zu mehr als einer Erkenntnismethode: Sie wird zu einem Instrument der Voraussicht von weiteren Entwicklungsmöglichkeiten, unter denen Menschen mit einigem Geschick und wiederum geleitet durch die Einsichten und Fertigkeiten, die die Forschung eröffnet, wählen können; sie ist sozusagen eine Werkzeugkiste der die eigenen Lebensbedingungen produzierenden Menschheit. Forschung ist aber zugleich auch Lenkungsinstrument für den Weg in eine gefährdete und nur in Grenzen ausleuchtbare Zukunft.

Grenzen der Forschung: moralische Weisung

Nichts in ihren Methoden und Verfahrensweisen verleiht der Forschung jedoch die Fähigkeit oder die Berechtigung, den Menschen vorzuschreiben, welche der eröffneten Möglichkeiten tatsächlich einzuschlagen und zu nutzen sind. Sie kann zwar günstigenfalls vorausberechnen, was erwünschte und unerfreuliche Folgen möglicher Handlungsalternativen sein könnten,

aber welcher der folgenreichen Wege der erstrebens-
werte, der sinnvolle oder der richtige ist, wird Forschung niemals aussagen können. Sehr wohl kann sie
auf Widersprüche aufmerksam machen zwischen ange-
strebten Zielen und dem, was tatsächlich an Folgen dieses Strebens zu erwarten ist. Aber sie kann die Ziele
nicht selber setzen, nach denen sich menschliches Leben
zu richten hat.

Forschung und Fortschritt, so aneinandergekettet sie
auch im Leben der wissenschaftlich-technisch „zivili-
sierten" Menschheit sind, sie liefen so leer im Kreis wie
das Rad des genetischen Wandels der biologischen
Evolution, wollten sie alles Geschehen aus sich heraus
bestimmen. Ohne die dritte, die von außen hinzukom-
mende sinnbestimmende zielsetzende Größe, die Handlungsalternativen und Lebensentwürfe zu bewerten
vermag, die mögliche Alternativen auswählt, wäre Kul-
tur-Evolution nichts anderes als biologische Evolution
in gesteigerter Wirkung. Der biologische Fortschritt,
die ganze Evolution hat ihren Sinn in unaufhörlich fortschreitender Produktion und Reproduktion — und
darin erschöpft sie sich auch. In der Natur gibt es keine
Moral, und es ist sogar möglich, sich eine Menschheits-
geschichte vorzustellen, die — frei von moralischer
Wertung und Lenkung — den Fortschritt naturwüch-
sig aus sich herausquellen läßt. Selbst der drohende Untergang einer außer Rand und Band produzierenden,
konsumierenden, reproduzierenden (und dank Recy-
cling auch immer mehr die eigenen Abfälle rekonsu-
mierenden) Menschheit wäre dann nichts als die allenfalls mit dem Gefühl des Bedauerns hinzunehmende natürliche Konsequenz unserer fortwirkenden Natürlichkeit. Wer dies jedoch nicht will, darf Fortschritt und
Forschung nicht sich selbst überlassen; er muß sie moralisch zu bewerten und danach zu lenken bereit sein.

Vielleicht täuschen wir uns darin, daß es eine sinnstiftende Moral — außer als edelstimmende Illusion oder als ein systemimmanentes Schmiermittel effizienter sozialer Organisation — überhaupt geben kann und geben muß. Das wird sich erweisen. Aber gewiß ist, daß die Befähigung zum moralischen Urteil, die uns die Natur über die kognitiven Fähigkeiten des Verstandes hinaus gewährt, nur dadurch zur Wirkung kommen kann, daß sie den selbstverstärkenden, selbsterhaltenden und tatsächlich lebensnotwendigen Kreis der Wechselwirkungen zwischen Forschung und Fortschritt ständig nach Wertvorstellungen zu beeinflussen sucht.

Weder die Wissenschaft noch die Forschung können selbst solche Weisungen geben: Hier liegen die wirklichen Grenzen der Forschung! Die Forschung mag selbst die Grundlagen der Moral analysieren, aber sie vermag moralische Gebote weder zu geben, noch ihre Notwendigkeit zu leugnen. Im Gegenteil, auch sie hat ihr eigenes Handeln nach moralischen Werten zu richten, wenn Forschung und Fortschritt mehr sein sollen als eine Fortsetzung der natürlichen Evolution mit wirkungsvolleren Mitteln. Daß sie mehr als dies sind: Darin liegen die wirklichen Ziele von Forschung und Fortschritt.

DIE ZUKUNFT HOLT UNS EIN
Warum wir anders leben müssen

Inwieweit die Grenzen von Wissenschaft, Forschung und Fortschritt den Regierungschefs und den Fachleuten aus aller Welt beim Umweltgipfel in Rio bewußt wurden, als sie im Rückblick auf den ersten Gipfel vor zwanzig Jahren in Stockholm auf die inzwischen durchgesetzten, weltweiten Anstrengungen verwiesen, bleibt offen.

Das Wertvollste aber, was es für alle — besonders die Politiker — geben muß: der Mensch selbst, „the ultimate resource" (Julian Simon), stand zweifellos im Mittelpunkt dieser Weltveranstaltung. Denn diese Spezies Mensch hat sich in niemals vorher gekannter Geschwindigkeit und Zuverlässigkeit vermehrt. Präsidierten und resümierten die Regenten 1972 noch über magere 3500 Millionen Subjekte, so sind es nur zwei Jahrzehnte später bereits 2000 Millionen mehr. Nach der Gipfelkonferenz am Ende der zwölf Tage waren es schon wieder fast vier Millionen mehr geworden, annähernd soviel wie die Gesamtbevölkerung von Norwegen oder Israel. Eine Erkenntnis, die letztlich für „Umwelt und Entwicklung" entscheidend sein wird.

Die Dynamik der Massen

Man kennt die Horrorzahlen und darf sie gerade deshalb nicht mit Schweigen übergehen, weil sie mit nahezu unveränderter Dynamik weiterschwellen: Schon in den nächsten drei Jahren werden so viele Menschen zusätzlich zur Erdbevölkerung hinzukommen, wie heute die Gesamteinwohnerschaft der Europäischen Gemeinschaft oder von ganz Schwarzafrika zählt: Allein im 20. Jahrhundert leben mehr als zehn Prozent aller Menschen, die in den letzten sechstausend Jahrhunderten insgesamt auf der Erde existiert haben.

Zwar stagniert der eigene Bevölkerungszuwachs des reichen, im schrankenlosen Massenkonsum überquellenden Drittels der Menschheit, doch gibt ihm das noch lange kein Recht, der ungebremsten biologischen Vermehrung der anderen zwei Drittel die Schuld für alle künftigen Umweltprobleme zuzuweisen. Denn für die Umwelt bleibt es ziemlich gleich, woher das Wachstum der Belastung kommt. Wenn bei gleichbleibender Bevölkerung Ressourcenverbrauch und Abfallausstoß real pro Jahr um mehrere Prozent ansteigen, dann gleicht dies mehrere Prozent Individuenzuwachs bei gleichbleibendem Lebensstandard allemal aus. Steigen allerdings Bevölkerungszahlen und umweltbelastender Verbrauch gleichzeitig an — was auch der Fall ist, wenn Millionen Armer in reiche Länder auswandern, um an deren Konsumstandard teilzuhaben —, so vervielfältigen sich die Probleme der Umweltbelastung durch die Menschenmassen noch schneller. Es wäre übrigens kein großer Unterschied, wenn zwei Drittel der Menschheit sich ein elendes Massengrab schaufelten, während das restliche Drittel alles daran setzte, sich eine luxuriös klimatisierte private, bewachte Luxusgrabstätte zu verschaffen. Alle Bemühungen um gerechtere Wirtschaftsordnungen, Verzicht auf verschwenderischen Konsumismus und auf Ressourcenvergeudung, Eindämmung umweltzerstörender Abfallüberlastung von Böden, Gewässern oder Atmosphäre, so unaufschiebbar und überlebensnotwendig sie sind, bleiben doch nur Konsequenzen der einen tieferliegenden Ursache: der sich in Zahl und Ansprüchen unentwegt weiterentwickelnden Menschheit. Es ist zu befürchten, daß diese Grundtatsache aus vielerlei politischen Gründen in den Hintergrund tritt, während man lauthals über gerechte Rohstoffpreise, Handelshemmnisse, Regenwaldzerstörung, Treibhauseffekt oder Ozonverdünnung debattiert. Jedes dieser Probleme ist selbstverständlich höchst dringlich. Aber wenn die Menschenzahl und ihre Verbrauchsansprüche wie bisher weiterwachsen, dann drohen alle Versuche zu scheitern, selbst die Folgen unseres heutigen Wirtschaftens zu bewältigen (zumal wir ja gerade erst beginnen, uns der Umweltschäden von gestern anzunehmen).

Es ist, als ob sich eine aufgeregte Schar von Strandbewohnern um eine gerechtere Verteilung von Strandburgen, Badekörben und Sonnenschirmen stritte, während — noch dazu von den Streitenden selbst hervorgerufen — eine ständig wachsende Springflut auf ihre paradiesische Insel zurollt. Es stimmt ja: Unsere Nachkommen sind unser aller Zukunft. Aber mit ihnen, ihren Erwartungen und Ansprüchen auf ein besseres Leben für alle holt uns unsere Zukunft schon heute ein. Denn wenn im Jahre 2012 die Oberhäupter von dann vielleicht noch ein paar Dutzend mehr Staaten zum dritten globalen Umweltgipfel wahrscheinlich mit dem Thema ,,Umwelt und Untergang'' in der Hauptstadt von Bangladesh zusammenströmen, werden sie voraussichtlich ihre Botschaft von nicht zu übertreffender Betroffenheit für bald acht oder neun Milliarden immer härter Betroffene verkünden, deren ständig düsterer werdende Zukunftsperspektiven dann der bestimmende Faktor unser aller Gegenwart sein werden.

Die Optimierung des Untergangs

Fazit: Die Menschheit ist auf bestem Weg, mit den evolutionserprobten und kulturbewährten Methoden immer weiter wachsender Vermehrung den eigenen Untergang zu optimieren. Da muß die Frage zynisch wirken, wie man es besser machen könnte. Und dennoch muß es im weltumspannenden Alltag genau darum gehen: wie wir uns vom Diktat bisheriger Erfolgs- und Durchsetzungsstrategien, deren Erprobung und Bewährung tausendfach länger, als die ganze Mehrheit dauerte, zu lösen vermögen, obwohl uns eben die Erfahrung dieser Optimierungsstrategien tief in den Knochen, nämlich bis in den Erbanlagen steckt. Sie ist auch die Quelle der unbewußten Antriebskräfte, die unser unablässiges Streben und Trachten nach mehr, die unsere Gier nach Leben selbst anfeuert. Wir sind die einzige Spezies, deren stupende produktive Intelligenz die Jahrmilliarden bewährten Optimierungskräfte biologischer Evolution — die die Erhaltung, Vermehrung, Verbreitung der eigenen Anlagen und damit die Besitzergreifung und Beherrschung der Umwelt durch jene Individuen, in denen sie verkörpert sind, sichern — noch einmal zu alles überwältigender tausendfacher Wirksamkeit zu steigern vermochte.

Jetzt müssen wir uns mit der gleichen Fähigkeit zur produktiven, zur forschrittsichernden Einsicht vor uns selber schützen lernen, vor den instinktiven Antrieben und der evolutionsbiologischen Natur in uns!

Da wir im voraus erkennen, was uns erwartet, wenn wir so weitermachen wie bisher, holt die Zukunft uns schon ein, bevor wir sie erreichen. Doch darin liegt auch die Chance, nicht eintreten zu lassen, was wir befürchten, weil wir selbst es sind, die es erzeugen. Das unterscheidet uns von Kassandra, die Unheil verkünden, aber es nicht verhindern konnte. Allerdings ist die Aufgabe schwer; weil wir nicht lernen müssen zu unterlassen, was zum Mißerfolg führte — daraus zu lernen ist unser Gehirn geübt —, sondern weil wir genau den Strategien mißtrauen lernen müssen, die uns so fulminant erfolgreich gemacht haben. Sonst enden wir wie ein auf den Kopf gestellter Baron Münchhausen, der sich aus lauter Kraft am eigenen Schopf versenkt.

Ursachen des Evolutionserfolgs

So ist die Frage erlaubt: „Wie konnte es überhaupt dazu kommen, was hat uns so unerträglich erfolgreich gemacht?" Der evolutionäre Erfolg unserer Spezies, der uns zum malignen Tumor der Schöpfung entarten läßt, beruht nicht — wie bei ebenfalls massenhaft erfolgreichen Mikroben, Pflanzen oder Tieren — auf Raffinessen unseres Stoffwechsels oder unseres Verhaltens, die uns neue Ressourcen erschlossen. Wir haben vielmehr ein einziges Prinzip bis zum Exzeß vervollkommnet, das Tiere vor uns nur in ersten Ansätzen erreichten: das Vermögen, die Erfahrungen über die Welt, in der wir leben, gleichsam im Kopfe abzubilden, sie uns vorzustellen, mit diesen Vorstellungen Gedankenversuche anzustellen und nach deren Ergebnissen unser künftiges Handeln herzustellen. Wir haben uns nicht genetisch ein für allemal der Wirklichkeit angepaßt; wir versuchen sie zu begreifen, um sie uns und uns ihr auf immer neue Weisen anzupassen. Man kann auch den klügsten, lernfähigsten Tieren Denkvermögen nicht absprechen. Aber wir haben diese ererbte Befähigung in mehrfacher Weise jeweils lawinenartig verstärkt entfaltet:
Indem wir, erstens, die Ergebnisse eigener Erfahrung und eigener Vorstellungskraft auf den Begriff und damit in der sozialen Gemeinschaft zur Sprache brachten. Aus persönlicher Erfahrung wurde so Gemeingut, das in der Kulturgemeinschaft von Generation zu Generation bewahrt, vermehrt und weitergegeben werden

kann. Je wichtiger der Gemeinbesitz dieses Weltbild-Erfahrungsschatzes für das Überleben der Gemeinschaft und in der Gemeinschaft wurde, um so mehr mußte im Eigeninteresse jedes einzelnen die ausschließliche Verfolgung egoistischer Ziele gegenüber der Berücksichtigung des Gemeinwohls zurücktreten, sei es aus Einsicht, sei es durch menschliche Normen erzwungen. So wurde durch die Entwicklung der Sprache, deren Ursprünge sich im Dunkel der Menschwerdung verlieren, aus der individuellen Intelligenz, die wir mit unseren Tierverwandten gemeinsam haben, das durch moralische Normen geschützte Gemeinwissen einer Kulturgemeinschaft. Der frei geborene Mensch wurde mit der Stunde seiner Geburt von dem gesammelten Erfahrungsschatz der Gemeinschaft abhängig, er geriet in die Ketten der Gesellschaft, ohne die er nicht leben kann.

Indem wir, zweitens, mit der Erfindung der Schrift vor wenigen tausend Jahren'den Schatz der Gemeinschaftserfahrung aus der Vergänglichkeit und Veränderungsgefährdung durch mündliche Überlieferung lösten und in beständig verfaßter, prinzipiell jedem Kundigen zugänglicher Form dauerhaft „kristallisieren" ließen. Die unabsehbaren Auswirkungen dieser Erfindung für die ökonomische Entfaltung der Produktivkräfte schriftbesitzender Gesellschaften haben erst in unserem Jahrhundert tatsächlich die ganze Menschheit erfaßt.

Indem, drittens, fast gleichzeitig mit dem, was Sprache und Schrift über die Wirklichkeit festhalten können, das Modellieren von Zusammenhängen in mathematischen Formeln gedachte Wirklichkeit berechenbar machte und damit auch alles aus der wirklichen Welt, was sich abstrahiert in mathematischen Algorithmen darstellen läßt. Indem die Metasprache der mathematischen Kalküle die Wirklichkeit nicht nur in sprachlichen Bildern benennbar, denkbar und nach erschlossenen Ursache-Wirkungs-Beziehungen darstellbar, sondern unter Annahme präziser Bedingungen in ihren möglichen Entwicklungen nach- und vorausberechenbar machte, verlieh die Erfindung der Mathematik in bis in unsere Zeit sich ständig beschleunigender Dynamik dem menschlichen Handeln die Macht einer vorher unvorstellbaren Planungsfähigkeit von Wirkungen. Die Hybris, damit den Schlüssel zur endgültigen Planbarkeit einer Ideallebenswelt erlangt zu haben, wurde allerdings durch die Wirklichkeit menschlichen Planungsversagens wie durch die mathematische Einsicht in die Unvermeidlichkeit chaotischer Entartung nichtlinearer Wirkungen in komplexen Systemen gründlich zerstört.

Nachdem allerdings die mathematischen Modelle der immer detailreicher erforschten komplexen Wirklichkeit der natürlichen wie der sozialen Welt für die bei aller Intelligenzentfaltung doch begrenzten menschlichen Verstandeskräfte immer unüberschaubarer wurden, schuf sich der Mensch schließlich, viertens, in der elektronischen Rechenmaschine den Arbeitssklaven des Gehirns — wie vordem in der Kraftmaschine den Arbeitssklaven der Gliedmaßen —, der in seinem Auftrag die Weltmodelle und Handlungsszenarien voraus- und zu Ende denken muß, weil sie unsere Vorstellungskraft übersteigen.

Wenn die Staatslenker in Rio zum Beispiel besorgt über die Gefahren für das Weltklima berieten, konnten sie dies nur oder mußten sie dies auch, weil die elektronischen Weltbildkalkülmaschinen — gefüttert mit unzähligen Daten, deren Tragweite kein einzelner Wissenschaftler mehr überblicken könnte — nach Formelmodellen der Wirklichkeit, die die besten Gehirne für sie ersonnen haben, die Zukunft der Biosphäre für sie vorausbedacht haben. Aber wiederum sind die frühen vermessenen Träume der wenigstens im Megacomputer total vorherberechenbaren und daher gezielt lenkbaren Welt, je mehr wir über sie lernten, um so ernüchternder verflogen: Je mehr wir über die Wirklichkeit wissen, um so weniger vorhersehbar, um so weniger beherrschbar erscheint uns die Dynamik des von uns herbeigeführten Umbruchgeschehens, um so vorhersehbarer wird uns die Unvorhersehbarkeit der Zukunft. Unsere Rechenmaschinen liefern uns immer detailliertere Bilder möglicher Weltentwicklungen unter den Bedingungsannahmen, die wir ihnen diktieren. Aber es scheint uns immer vermessener, daran zu glauben, wir könnten diese Bedingungen so gestalten, daß sich die Welt so erhält und entwickelt, wie wir uns dies wünschen. Die globale Wirklichkeit wird, so belehren uns die Computermodelle, immer abhängiger von uns, und diese Abhängigkeit schlägt bedrohlich auf uns zurück.

So wie der von der sinnlich wahrgenommenen Wirklichkeit abgekoppelte Freilauf des Denkvermögens uns die heiteren oder angstvollen Tagträume unserer Vorstellungen beschert, so wie der Freilauf von Sprache und Schrift uns begeisternde oder erschreckende Kunst-Wirklichkeiten erzählt, so explorieren die freilaufenden Formelspiele der Mathematik virtuelle Wirklichkeiten des strengen Kalkülen gehorchenden Geistes, und die in farbensprühender Graphik überquellenden Rechnermodell-Wirklichkeiten begeistern uns durch ihre Vielfalt und stürzen uns zugleich durch die Unabsehbarkeit ihrer Möglichkeiten in Verwirrung.

Wir haben durch Forschung und Wissenschaft inzwischen so unendlich viel über die Welt gelernt, daß sie — die unseren wissenschaftlichen Urgroßvätern noch sauber deterministisch geordnet erschien und der sie alle irrlichternden Geister ausgetrieben zu haben glaubten — uns nun in ihrem unausschöpflichen Reichtum an vorstellbaren Entwicklungen zugleich verheißungsvoller und bedrohlicher, jedenfalls aber unüberschaubarer erscheint als je zuvor. Haben Natur und Kultur am Ende mit unserer Spezies die mächtigsten Schwächlinge und die klügsten Dummköpfe hervorgebracht, die „idiots savants" des evolutionär-zivilisatorischen Fortschritts?

Vernunft der Furcht, Vernunft der Krise

Das alles ist durchaus furchterregend, eine Furcht, vor der nur Überheblichkeit oder Stumpfsinn bewahren könnten. Es ist furchterregend, daß uns nicht so sehr Unvernunft, sondern eine unbelehrbare Vernunft bedroht, die wir noch dazu aus „Erfahrung" mit der ganzen lebendigen Schöpfung teilen, eine von Grund auf natürliche Vernunft, sozusagen. Oder ist es nicht vernünftig, für sich und die seinen den Vorteil zu mehren? Nichts anderes tut jedes Lebewesen beim unablässigen Versuch, seine „Fitneß" zu steigern.

Die Menschheit hat sich also bisher nur zu genau an den kategorischen Imperativ der Evolution gehalten, der alles Handeln nach derselben Maxime ausrichtet, die der gesamten belebten Natur zum Gesetz der Entwicklung dient: Ob sie sich dabei in ihrer Nachkommenschaft oder im Güterverbrauch der Vermehrung hingab, sie strebte jedenfalls immer ebenso unaufhörlich nach mehr wie noch die letzte Mikrobe in ihrer Nährlösung. Zwar sind wir nicht die Marionetten unserer Erbanlagen. Der Wille zur Durchsetzung eigener Interessen, zur Steigerung der eigenen Möglichkeiten, die Sucht nach mehr (Konsum, Besitz, Macht, Einfluß) treibt uns in vielfältiger, keineswegs nur biogenetischer

Weise um. Die biologische Vermehrung ist nur die jedermann/jederfrau nächstliegende, einfallsloseste Art, in der sich der Wunsch nach mehr zu entfalten vermag. Die Substituierbarkeit der Währungen, in denen wir Gewinn abrechnen können, ist auch ein Teil jenes freilaufenden Vorstellungsvermögens, das uns aus der natürlichen Geborgenheit genetischer Programmierung herausgeführt hat. Der Drang nach mehr treibt selbst noch den zölibatären Missionar beim Zählen bekehrter Seelen. Es bleibt Vernunft der Evolutionsvergangenheit, nach der nur überlebt, was überwältigt — sei es durch Zeugung oder durch Überzeugung.

Doch im geschlossenen System der Biosphäre kann sich der Drang zur Überwältigung durch Zahl und Masse am Ende nur noch gegen den Überwältiger selber richten. Deshalb wäre es furchterregend, wenn wir in keinem anderen Sinn vernünftig blieben, als unsere Vorfahren es auch schon waren. Dies läßt immer mehr von uns an der Vernünftigkeit solchen Vernunftgebrauchs zweifeln. Andererseits ist dies vielleicht die wichtigste Voraussetzung dafür, daß aus der Krise der Vernunft nun eine Vernunft der Krise erwächst, die uns allerdings dann weder das Beispiel der Natur noch jenes der menschlichen Kulturgeschichte lehren kann: Wir müssen sie selber neu erfinden!

Aber nicht nur die Krise herkömmlicher Vernunft ist furchterregend. Uns muß auch schrecken, daß, je klarer wir das Schreckenspotential der Zukunft erkennen — von der Überhitzung unseres Atmosphärentreibhauses, das uns allerdings der natürliche Treibhauseffekt überhaupt erst bewohnbar gemacht hat, bis zur unaufhaltsamen Vernichtung eines großen Teils natürlicher Vielfalt an Pflanzen, Tieren und Mikroorganismen —, um so schwerer vorhersehbar wird, welche unerwarteten Folgen die klar zu erwartenden, von uns bewirkten

Veränderungen der globalen Umwelt haben werden. Deshalb ist es fast schon eine Verkennung der uns bevorstehenden Wirklichkeit, wenn wir uns vor der Zunahme von Katastrophen fürchten. Denn Katastrophen sind die Ausnahme von einer verläßlichen, normalen Lebenswirklichkeit. Doch was uns immer deutlicher absehbar wird, ist die Unabsehbarkeit unser Dasein ständig tiefgreifender erschütternder Ereignisse als neue Daseinsnormalität. Der uns aus vertrauter Gewohnheit aufschreckende Ernstfall wird dann die alltägliche Regel. Die schon jetzt unsinnige Nachrichtenroutine, die uns täglich mit Unglücksmeldungen aus aller Welt überschwemmt, wird vor der Gewißheit regelmäßig massenhafter Verheerungen der nahen Zukunft vollends zur Absurdität. Schon jetzt versagt unsere Fähigkeit, das Massenhungern, Massensterben ganzer Völkerschaften mit angemessener Steigerung der Anteilnahme wahrzunehmen. So erregen wir uns eben weiter, vom großen Unglück abgestumpft, am ehesten noch über den vertrauten Totschlag, die Überfälle, Wohnheimbrände, Motorradunfälle und Hundebisse, während sich quer durch die Kontinente in notdürftigsten Unterschlüpfen Hunderttausende von Alten, Kranken, Kindern, Krüppeln in der normalen Agonie ihres verfluchten Daseins winden, vor der uns eher graut, als daß uns Mitgefühl erfaßte. Es ist tatsächlich furchterregend, daß den Menschen angesichts des unsäglichen Elends nichts so naheliegt, als es zu ignorieren.

Furchterregend ist auch, daß wir, um diese klar absehbaren und dennoch unvorhersagbaren Massenfolgen unseres ganz normalen massenhaften Menschendaseins überstehen zu können, doch immer noch dieselben Mittel nutzen müssen, die uns so erfolgreich und verderblich machten. Gemeinsam sind wir fünf bis sechs Milliarden unerschöpflich anspruchsvolle Menschen für die natürliche Umwelt, die wir allenthalben überwuchern, tatsächlich im Wortsinn unerträglich. Aber ebenso gewiß können wir als überwältigende Mehrheit gemeinsam — anders handelnd als bisher — die Chance haben, weitere Zerstörung abzuwenden. Deshalb ist es tatsächlich unendlich wichtig, daß sich laufend maßgebliche, über politische Macht verfügende Vertreter aller Staaten zusammenfinden, um diese Probleme zu beraten, weil sie allein schon dadurch anerkennen, daß unsere Lage wirklich ernst genug für weltweit abgestimmtes Handeln ist. Daraus müssen tätige Handlungen werden, die etwas anders machen als bisher, damit wir unseren produktiven Einfallsreichtum erneut dazu benutzen, abzuwenden, was wir selbst herbeigewendet haben.

Der alte und der neue Mensch

Der neue Mensch ist immer noch der alte: Wir haben dasselbe Gehirn mit seinen durch Jahrmillionen ausgewählten und eingeprägten Erfolgssuchstrategien und Verfahrenskalkülen, wir haben dieselbe Hand mit ihren über Tausende von Generationen perfektionierten Fertigkeiten, dieselben Antriebe wie unsere Vorfahren, gemeinsam mit anderen zu handeln, um selber erfolgreicher zu sein. Zu dieser anthropologischen Konstanz des Menschlichen an uns gehört eben auch unsere einzigartige Befähigung, die Kräfte, die uns treiben, zu durchschauen und auf den Weg vorauszublicken, den zu gehen sie uns drängen. Wir tragen in uns nicht nur die evolutionsgenetische Vernunft des Durchsetzungsstrebens, sondern auch die unsere Fähigkeiten freisetzende Gabe, die alten Sehnsüchte auf ganz neue Ziele zu lenken. Was uns so gefährlich selbstanpassungsfähig machte, macht uns auch fähig, unser Handeln ganz neuen Weisungen zu unterwerfen. Die Rationalität, mit der wir unsere Ziele verfolgen, treibt uns eben nicht nur in individualvernünftige, aber gemeinkatastrophale Folgen unserer bewährten Daseinsstrategien. Sie befähigt uns zugleich, die Ursachen und Folgen unseres Versagens zu durchdenken, zu durchschauen und sie zu überwinden, wenn wir rechtzeitig von der verhängnisvollen Neigung ablassen, das Notwendige einzusehen und, da mühselig, auf spätere Generationen zu vertagen, um selbst lieber noch eine Runde am altgewohnten Spieltisch mitzuwürfeln. Daß dieses Evolutionsspiel auch auf längere Frist immer ein Existenzspiel ums Überleben ist, sollte uns eigentlich davor bewahren.

Davon sollte uns auch nicht die eingefleischte Veranlagung zur egoistischen Selbstbegünstigung abhalten; denn ebenso eingefleischt ist unser Hang, zum Vorteil der Gemeinschaft zu handeln und dafür sogar zu Opfern bereit zu sein. Leider kann beides vom gleichen Geist der Selbstsucht angetrieben sein, wie es ein afrikanischer Spruch bedrückend deutlich macht: „Ich und mein Volk gegen andere Völker; ich und meine Sippe gegen andere Sippen; ich und mein Bruder gegen andere Familienmitglieder; ich gegen meinen Bruder."

Deshalb müssen wir uns heute immer nachdrücklicher um die Einsicht bemühen, daß es für uns langfristig nur ein Gemeinwohl gibt, das zählt: das Gemeinwohl der ganzen Menschengemeinschaft. Wer weiterhin sein Glück im Tribalismus sucht, in der besinnungslosen, aber gesinnungsstarken Hingabe an eine Sippe, eine Firma, einen Stamm, ein Volk, eine Region, eine Nation, selbst einen vereinigten Staatenbund, der verliert die Chance für die dringend notwendigen globalen, alle Menschen aller Nationen erfassenden Lösungen der anstehenden Probleme, da er die Kräfte beim Kampf um Vorteile für die eigene Gruppe zum Nachteil der fremden vergeudet.

Wir haben nur eine globale Umwelt, die Biosphäre, die wir gemeinsam nutzen müssen und die eine Sechs- oder Mehr-Milliarden-Menschheit ständig belastet und gefährdet, wie immer sie auch künftig leben wird. Dazu bedarf es einer weltweit international abgestimmten Ordnung von Normen und Abmachungen, an die sich alle halten und deren Verletzung geahndet wird. Der Atmosphärenschutz-Vertrag von Montreal war als erster seiner Art genau der richtige erste Schritt, dem viele weitere folgen müssen: auch dies ein weiterer guter Grund für den Umwelt-Gipfel 1992 in Rio de Janeiro.

Daß wir so vielfachen Herausforderungen gegenüberstehen, kann nur den handlungsunfähig machen, der Angst vor Schwierigkeiten mit der Verzweiflung über Ausweglosigkeit gleichsetzt. Gewiß, die bajuwarische Spruchweisheit „Totgefürchtet ist auch gestorben" ist schon richtig. Nur wer nicht erkennen will, daß wir jene Zukunft, in die wir durch Fortsetzung unseres bisherigen Verhaltens hineintaumeln, bis ins Mark zu fürchten hätten, wird auch nicht die Kraft aufbringen, die zur Veränderung unserer Lebensweisen erforderlich ist.

Es wäre ebenso verfehlt, wenn wir uns dann nur bemühten, eine angeblich verlorengegangene Kultur des pfleglichen Umgangs mit der Umwelt wiederzugewinnen. Was damals wie im Gleichgewicht erschien, war nur die Folge des beschränkten Einflusses einer noch relativ geringen Zahl von Menschen. Wir müssen künftig eine neue Kultur des Umgangs mit der Natur erfinden, die langfristig auch mit einer Multimilliardenmassenmenschheit überlebensfähig ist.

Die Herausforderung für unseren Erfindungsreichtum und für unser Bemühen, die Wirklichkeit besser zu verstehen, um uns besser in ihr einrichten zu können, wird weiterwachsen und nicht geringer werden. Wer uns empfiehlt, das Suchen, Forschen, Planen und Entwickeln neuer Problemlösungen einzustellen und einfach dem Wirken der herkömmlichen Natürlichkeit zu vertrauen, verkennt die Lage, in der wir uns bereits befinden. Durch Nichtstun handeln ist zwar eine chinesische Lebensweisheit: Doch mitten im Strom wird man dadurch nur immer weiter fortgerissen.

Zur Kultur der Erträglichkeit

Voraussetzung ist bei alledem, daß die Kultur der Einträglichkeit, die einem kleineren Teil der Menschheit zu größerem Wohlstand verholfen hat, durch eine Kultur der Erträglichkeit zu ergänzen und langfristig zu ersetzen ist, die langfristiges Wohlergehen sichert, indem sie auch auf kurzfristige, aber nicht haltbare Wohlstandssteigerung des ohnehin reichen Teils der Menschheit verzichtet. So, wie wir heute leben, sind wir gemeinsam unerträglich. Nur indem wir gemeinsam anders leben, werden wir auf lange Zeit erträglich leben können. Wer am meisten verbraucht, kann, ohne zu leiden, auch am ehesten Verzicht leisten.

Dabei wird es entscheidend darauf ankommen, die lebenssichernden Prioritäten richtig zu setzen. Wenn, wofür alles spricht, bei langfristig weiterwachsender Weltbevölkerung keine erhaltungsfähige menschenwürdige Zukunft zu gewährleisten ist, dann muß es zu den vorrangigen Aufgaben einer Weltgemeinschaft werden, in allen Ländern der Erde Lebensbedingungen und wirtschaftliche Entwicklungsmöglichkeiten zu schaffen, die zur freiwilligen Verminderung der Vermehrungsrate führen. Dies ist nach allem, was die Erfahrung der Völker mit diesem demographischen Übergang zeige, nicht primär ein Problem der technischen Mittel zur Vermehrungskontrolle, so wichtig deren Verfügbarkeit auch ist. Es ist primär ein Problem der wirtschaftlichen Wohlstandsentwicklung, die auch für die jetzt noch Armen dieser Welt, nämlich die Mehrzahl, die Zuversicht ermöglicht, durch Minderung der Zahl der Nachkommen für sich selbst und für diese ein besseres, ein erstrebenswertes Dasein zu erreichen, das keineswegs so üppig ausgestattet zu sein braucht und tatsächlich auch niemals so verschwenderisch sein darf wie heute das Leben in den reichen Ländern (aber genauso: der Reichen in den armen Ländern!).

An diesem Anspruch der wirtschaftlich unterentwickelten Völker auf menschenwürdige, Zuversicht weckende Wohlstandsentfaltung müssen sich alle Anstrengungen für Umwelt und Entwicklung ausrichten. Das werden auch jene akzeptieren müssen, denen vor allem der Schutz der Natur in den Entwicklungsländern am Herzen liegt, weil Verständnis für Naturschutz von Elendsmassen am allerwenigsten zu erwarten ist — noch weniger von deren politischen Anführern. Auch der Hinweis darauf, daß die „Naturvölker" vor dem gewaltsamen Vordringen unserer Zivilisation in schonendem Einklang mit ihrer natürlichen Umwelt zu leben wußten, weicht den heute tatsächlich gegebenen Problemen umweltzerstörender Menschenmassen in der dritten Welt nur aus.

Entwicklung zum Besseren

Da es keine wirtschaftlich positive Entwicklung ohne eine ausreichend ausgebildete Bevölkerung und keine Stabilisierung des Bevölkerungswachstums ohne gutunterrichtete Frauen und Mütter gibt, müssen die dringlichsten Anstrengungen hier ansetzen. Damit Entwicklungsländer die Kosten dafür aufbringen können, benötigen sie die Anschubunterstützung aus den reichen Ländern und deren Bereitschaft, ihnen eine faire Teilhabe am internationalen Wirtschaftszuwachs zu sichern. Wenn sie die Märkte der Reichen für das, was sie an Gütern anzubieten haben, durch diskriminierende Selbstschutzmauern verschlossen finden, werden sie dem Teufelskreis von Armut und Vermehrung nie entgehen. Da dies auf absehbare Frist auch den Wohlstand der Wohlhabenden gefährdet, liegt es in deren eigenem dauerhaften Interesse, mit Hilfeleistungen, die ihnen heute Verzichte auferlegen, auch ihre Zukunft zu sichern, indem sie dem wirtschaftlich zurückgebliebenen Teil der Menschheit das Aufholen ermöglichen. Verschiedene Schwellenländer haben bewiesen, daß dies gelingen kann.

Bedrückend bleibt dabei die Einsicht, daß ein solcher Entwicklungspfad von mehreren Milliarden Menschen nicht beschritten werden kann, ohne ihre und unsere globale Umwelt zusätzlich zu belasten. Dies ist die tragische Konsequenz der bereits eingetretenen Übervölkerung der Erde mit Konsumerwartungen einer Industriezivilisation.

Damit nicht auch noch der letzte Rest natürlicher Lebenswelt unter diesem steigenden Druck verschwindet, muß jede Hilfe zur wirtschaftlichen Wohlstandsentwicklung in der dritten Welt an bindende, international überwachte und finanziell unterstützte Schutzverpflichtungen für ausreichend große und vor Ausbeutung geschützte Naturräume geknüpft werden — eine Verpflichtung, der sich die reichen Länder in international garantierten Verträgen genauso unterwerfen müssen. Aber auch nur, wer wirksame Hilfe für wirtschaftliche Wohlstandsentwicklung anzubieten bereit ist, kann erwarten, daß solche Naturschutzauflagen, die ja immer Ressourcenausbeutungsverzichte und damit Einkommens- und Souveränitätseinbußen bedeuten, wirklich durchgesetzt werden können. Wenn die Natur das Menschheitserbe ist, dann muß die Menschheit auch gemeinsam dieses Erbe pflegen und erhalten. Deshalb bedürfen nicht nur die Menschen der Entwicklungsländer der Erziehung; wir selbst bedürfen derer fast noch mehr, denn die Last des reichen Drittels der Menschheit drückt schwerer auf die Umwelt als die Last der Armen.

Die Menschen in den Wohlstandsländern werden auch keine gute Zukunft finden, wenn die Verelendung der dritten Welt von Jahrzehnt zu Jahrzehnt anschwellende Armutsflüchtlingswellen über alle Kontinente schwemmt. Die Erde ist vollständig und endgültig aufgeteilt. Es bleiben keine leeren Räume zu besiedeln. Die Völker müssen lernen, innerhalb der Grenzen ihrer international garantierten Territorien ihr Auskommen zu finden und ihren Wohlstand in internationaler Zusammenarbeit selbst zu schaffen. Kein Land kann seinen Lebensstandard durch Einkommenszuweisungen sichern, die in anderen Ländern erwirtschaftet werden müssen. Was die „Ungerechtigkeit" der ungleichen Verteilung natürlicher Ressourcen oder unglücklicher geschichtlicher Entwicklungen verschiedenen Ländern an ungleichen Startbedingungen auferlegt, gehört zu jenen Ungerechtigkeiten des Schicksals, das auch einzelne Menschen höchst unterschiedlich begabt und begütert ins Leben schickt. Mit der zunehmenden Bedeutung von Intelligenz, Wissen, technischen Fähigkeiten, Erfindungsreichtum und Arbeitsfleiß für die Entwicklung des Wohlstands der Nationen, Eigenschaften, mit denen die Völker von Natur aus nicht allzu verschieden ausgestattet sind, können diese historisch bedingten Handicaps erfolgreich ausgeglichen werden. Dies ist ein weiterer Grund, warum sich öffentliche Entwicklungshilfe bevorzugt auf die Entfaltung der kulturellen Ressourcen, geistigen Leistungen und technischen Fähigkeiten hilfsbedürftiger Völker richten sollte, damit diese lernen können, ihre eigenen Probleme selber zu lösen. Allerdings werden die Völker der dritten Welt — wenn sie nicht allesamt als Völker der „letzten Welt" enden sollen — langfristig nur dann eine selbständige produktive Wirtschaftsentwicklung erreichen, wenn ihnen auf dem Weg dahin auch direkte Unterstützung ihrer Produktivkräfte gewährt wird, die nur aus hochentwickelten Volkswirtschaften kommen kann. Dabei darf es nicht um laufenden Transfer von Konsummitteln — zumal nicht für sich großzügig selbstbedienende Eliten — gehen (Notfälle wie zum Beispiel Naturkatastrophen ausgenommen). Es geht um Transfer von Wissen, Können, Kapitalinvestitionen und um Verzicht auf Handelshemmnisse und auf Patentschutzmauern im wissenschaftlich-technischen Fortschritt.

Wenn die Natur gemeinsames Menschheitserbe ist, dann sind es Menschengehirne und die Kultur, die sie ersonnen haben, auch — besonders die Erkenntniskultur von Wissenschaft und Forschung. Fortschritte wissenschaftlicher Erkenntnis, vor allem der Grundlagenforschung, sind ungeachtet des Beitrags einzelner Forscher immer das Ergebnis einer Gemeinschaftsleistung von Generationen und Wissenschaftlern vieler Völker. Sie zur beschränkten wirtschaftlichen Ausbeutung weniger zu privatisieren, würde alle anderen ihres Anteils am Ertrag berauben.

Gewinn aus Verzicht

Was aus Hilfestellung geteilt werden soll, erfordert wirklichen Konsumverzicht der reichen Völker, was deren eigener Umwelt allerdings zugute kommen kann. Nachhaltige Hilfe erfordert in den Geberländern allerdings auch eine kontinuierlich leistungsfähige Wirtschaft. Dabei kommt es entscheidend darauf an, daß gewährte finanzielle Hilfe wirklich in den Aufbau leistungsorientierter wirtschaftlicher Strukturen fließt.

Da fast alle Entwicklungsländer zunächst vor allem Rohstoffe und Agrarprodukte auf dem Weltmarkt anzubieten haben, ist es notwendig, daß faire Preise und offene Agrarmärkte — auch zuungunsten des eigenen Agrarsektors, der für die von ihm erwünschten Leistungen durch Ausgleichszahlungen zu entgelten ist — den Weg der Armen aus der Armut ebnen. Faire Preise bedeuten dabei immer: fair auch für eine langfristig erhaltungsfähige Umwelt, denn nichts schützt Umweltressourcen besser als sparsamer Umgang mit ausreichend teuren und daher knappen Gütern. Auch Steuern und Abgaben sind Teil der Preisgestaltung, durch die, wenn internationale Abstimmung Wettbewerbsverzerrungen unterbindet, die globale Wirtschaftsfairneß gefördert werden kann, die wiederum der Umwelt nützt.

Wenn es uns nicht auf diesem Weg gelingt, die Ungleichzeitigkeiten und Ungleichstellungen unter den Völkern durch fairen Interessenausgleich zu überwinden, dann wird es voraussichtlich den grausameren Methoden der Natur überlassen bleiben, mit der Menschenwoge fertig zu werden. Durch wirtschaftliche Entwicklung Mut machen, die eigenen Kräfte zu entfalten und Wohlstand vor Ort zu erarbeiten, bringt Vertrauen für die Zukunft und führt zu Selbstverantwortung in der dritten Welt. Wenn die Reichen aus kurzsichtiger Engherzigkeit und Engstirnigkeit in Angstabwehr verfallen und sich in ihren Festungen des Überflusses zu verschanzen suchen, werden sie nur gemeinsam mit den Armen ihr Scheitern vorbereiten, denn ihre Gewinnoptimierungsstrategien werden die eigene Zerstörung optimieren.

Mißlingt es, diesen Nord-Süd-Ost-West-Konflikt zwischen Überfluß und Massenelend zu überwinden, dann ist es am Ende vielleicht auch gar nicht mehr so wichtig, ob das Treibhaus schneller warm oder die Stratosphäre rascher ozonfrei wird. Für eine weit über zehn Milliarden anwachsende Menschheit könnte selbst ein drastischer Anstieg des Meeresspiegels fast belanglos werden: Verhungern oder Ertrinken, was wäre das für eine Wahl?

Daß es nicht dazu kommt, müßte den Reichen noch viel wichtiger sein als den Armen, haben sie doch das angenehmere Leben zu verlieren. Der Vernunft der Krise, die eine gemeinsame Zukunft sichert, steht die Vernunft des alten Egoismus entgegen, im festen Schulterschluß mit Indolenz, Habgier, Geiz, Neid, Unbarmherzigkeit, Selbstgerechtigkeit und Genußsucht. Aber die neue Vernunft hat einen starken Trumpf: Sie kann das Überleben sichern! Das kann die Menschheit selbst im Rausch der „Fortschrittsdroge" nicht verkennen. Wo so viel auf dem Spiel steht, darf man immer hoffen, denn es gehört ebenfalls zu unseren in Fleisch und Blut verankerten Erfahrungen, daß große Gewinne große Opfer fordern können. Warum sollte das anders sein, wenn es ums eigene Überleben geht?

MODERNE HEILKUNDE
Zwischen Machbarkeit und Menschenwürde

Die verführerische Macht der „Droge Fortschritt" wird nirgends deutlicher als in der Entwicklung der Heilkunde zur wissenschaftlichen Medizin und Pharmazie, denn diese selbst ist weitgehend nichts anderes als eine Geschichte der Entwicklung immer wirkungsvollerer Drogen, die dabei oftmals zugleich heilkräftiger und gefahrvoller, jedenfalls aber immer verführungsmächtiger wurden.

Als Biologe sehe ich in der Pharmazie die Mutterdisziplin der ganzen Biologie und weiterer Naturwissenschaften, vor allem der Chemie. Bevor es nämlich für unsere jagenden und sammelnden Vorfahren irgendeinen anderen Anlaß gab, sich — über die reine Nahrungsbeschaffung hinaus — eingehender mit den Geheimnissen der belebten und unbelebten Natur zu befassen, begannen ihre Heilkundigen, die Gift- und Heilwirkungen aller möglichen Pflanzen, Tiere und Mineralstoffe in so großer Genauigkeit zu erkunden, daß sie damit nicht nur große Teile selbst heutiger Pharmakopöen entdeckten und für die Heilkunst erschlossen, sondern zugleich auch nach modernen taxonomischen Maßstäben erstaunlich detaillierte und zuverlässige differentialdiagnostische Kenntnisse der Organismen- und Mineralwelt sammelten.

Wenn man den neuesten Berichten der Primatenfeldforschung glauben darf, geht diese Kenntnis sogar noch viel weiter zurück, dann schlägt die Länge des Stammbaums der Pharmazeuten buchstäblich jene aller Menschen: Hat man doch beobachtet, daß Schimpansen mit Verdauungsbeschwerden bevorzugt bestimmte Heilkräuter suchen und verspeisen, deren gastrointestinale Heilwirkung auch Eingeborenenheilpraktiker bis heute nutzen: Vielleicht ist „Nachäffen" gar nicht immer ein Zeichen von Beschränktheit?

Bis weit in die Neuzeit unserer Zivilisation hinein waren es jedenfalls die Pharmazeuten, die Pharmakognosten, Pharmakologen und Toxikologen (wie wir sie heute nennen würden), denen wir ein Gutteil grundlegender Biologie- und Chemiekenntnisse verdanken. Kein geringerer als Paracelsus hat schon im 16. Jahrhundert die Alchimisten aufgefordert, ihre Zeit nicht mit der Suche nach dem Stein der Weisen oder nach Gold zu vertun, sondern lieber der Entdeckung neuer Arzneistoffe zu widmen: Die Iatrochemie oder, moderner ausgedrückt, die pharmazeutische Chemie ist also eher die Mutter als die Tochter der heutigen Chemie.

Diese enge Verschwisterung drückt sich bis zum heutigen Tag nicht nur darin aus, daß so mancher, der eine elterliche Apotheke erben könnte, mit Schrecken feststellt, wieviel Chemie man studieren muß, um ein halbwegs ordentliches Pharmazieexamen ablegen zu können, sondern auch darin, daß der pharmazeutische Sektor einen gewaltigen Anteil am Produktionswert der gesamten Chemieindustrie hat. Der Jahresproduktionswert an Pharmaspezialitäten für Human- und Tiermedizin liegt allein in der Bundesrepublik bei 25 Milliarden DM, weltweit bei annähernd dem Zehnfachen davon. Man kann daraus nur schließen: Paracelsus hat den richtigen Rat gegeben; er ahnte, wo das Gold zu holen ist.

Angewandte Molekularbiologie

Die doppelte Verwandtschaftsbindung der Pharmazie zu Biologie und Chemie, die sich freilich trotz gemeinsamer Herkunft im Laufe der Jahrhunderte etwas lockerte, ist durch nichts deutlicher und zugleich wieder enger geworden als durch die Entfaltung der modernen Biochemie und Molekularbiologie. In dem gleichen Sinn, in dem heute die gesamte Biologie in all ihren verschiedenen fachlichen Differenzierungen fest in den gemeinsamen Grundlagen der chemisch-molekularen Strukturen und Mechanismen allen Lebens verankert ist, in dem gleichen Sinn ist Pharmazie heute in weitesten Bereichen nichts anderes als angewandte Molekularbiologie: Molekularbiologie, angewandt auf kranke Lebewesen, vor allem kranke Menschen, und auf die Linderung ihrer Schmerzen und die Heilung ihrer Leiden durch geeignete Einwirkung auf ihre gestörten chemischen Lebensfunktionen.

Es wird auch unter Biologen stets umstritten bleiben, ob das Lebensvermögen eines Einzellers, einer Pflanze, eines Insekts bis hin zu dem des Menschen tatsächlich nur ein chemisches Phänomen darstellt, begründet in dem spezifischen komplexen Zusammenwirken zahlreicher verschiedener molekularer Bestandteile in einer einzigartigen funktionellen Organisation. Die meisten Biologen sind wohl davon überzeugt. Aber es ist unbestreitbar, daß eine solche chemisch-molekulare Organisation unabdingbar ist, damit die materiellen Systeme, die wir Lebewesen nennen, tatsächlich ihre Lebenserscheinungen entfalten können. Ob Leben nur Chemie ist, mag daher getrost dahingestellt bleiben. Daß es ohne Ausnahme auch Chemie ist, daß alles Leben chemische, molekulare Voraussetzung hat, das ist nicht länger zu bezweifeln. Damit wird die biochemische Molekularbiologie zum Zentrum und Ausgangspunkt der ganzen Lebensforschung.

Es mag auch getrost dahingestellt bleiben, ob alle Störungen der Funktionsfähigkeit von Lebewesen, die wir als Krankheit bezeichnen, ihre Ursache in Störungen ihres chemischen Aufbaus oder ihrer chemischen Reaktionen haben, aber es ist unbestreitbar bewiesen, daß sehr viele, schwere oder leichte, häufige oder seltene Krankheitsbilder auf Störungen chemischer Funktionen zurückzuführen sind und häufig auch durch chemische Eingriffe gemildert oder beseitigt werden können. Ob wir den Organismus durch Impfung gegen Röteln, Poliomyelitis oder Pocken gegen Angriffe von Mikroorganismen schützen, die sich selbst wieder molekularbiologisch bis ins kleinste chemische Detail beschreiben lassen; ob wir dem Diabetiker durch Insulinzufuhr helfen; ob wir die Lungenentzündung mit Antibiotika oder die Zahnschmerzen mit Analgetika bekämpfen; ob wir durch Anästhetika schmerzfreie Operationen ermöglichen oder den Husten mit Bronchialtee zu lindern suchen: Chemie und Molekularbiologie, was immer man betrachtet. Auch was sich uns so biowerbemächtig allenthalben als garantiert nichtchemische, rein pflanzliche Kräuterfrauerfahrungs- und Naturheilkunde anbiedert — all die geheimnisvollen Wirkstoffe, die Mutter Natur selbst für uns in Pflanzenform verpackt hat: es handelt sich auch hier bei näherer Analyse um Chemie und nichts als Chemie, was aus den Drogenpflanzen heilsam oder giftig auf uns wirkt.

Und selbst die „Droge Arzt" wirkt, wenn wir den neuesten Erkenntnissen der Psychoneuroendokrinologie und Psychoneuroimmunologie glauben dürfen, ganz ähnlich wie der tiefe Blick ins Auge der Geliebten, am Ende tief im Inneren doch — zumindest auch — auf unsere chemisch funktionierenden Drüsen. Der Stoff, aus dem das Leben ist und den wir Biologen aufzuklären suchen, und die Stoffe, aus denen die Arzneien sind und derer sich die Pharmazeuten bedienen — es wurzelt alles in den molekularen Grundlagen des Lebens.

Was von außen, in der Formenfülle der lebendigen Spezies und in den unbeschreiblich mannigfachen Lebensäußerungen des Menschen von unüberbrückbar wesenhaft verschiedenartiger Vielfalt scheint, das wird sich alles immer ähnlicher, je weiter wir bis zu den zellbiologisch-molekularen Wurzeln dieser Erscheinungen vordringen: den Ionentransportsystemen, den Atmungsketten, den Gärungsprozessen, den Transmitter- und Rezeptormolekülen, den Genregulationen und den Molekularstrukturen von Membranen, Fibrillen, Ribosomen, Mitochondrien, Chromosomen. Der ganze chemische Reichtum, der das Leben ist und den wir dank unermüdlichen Diplomierens und Promovierens ungezählter Biologie-, Biochemie-, Biophysik-, Medizin- und wohl auch Pharmaziestudenten heute in kaum mehr überschaubarer Detailgenauigkeit beschreiben und verstehen können, wird deutlich.

Ethische Herausforderungen

Wissenschaftliche Heilkunde — das ist heute weitgehend angewandte Molekularbiologie und Biochemie, und die Herausforderungen der Molekularbiologie, gerade auch ihre ethischen Herausforderungen, sind deshalb fast immer zugleich die ethischen Herausforderungen von Medizin und Pharmazie. Was sind aber diese Herausforderungen? Es sind einerseits Herausforderungen *durch* die Molekularbiologie und andererseits Herausforderungen *für* die Molekularbiologie — und beide sind gleich wichtig.

Die ethischen Herausforderungen *durch* die Molekularbiologie beruhen letztlich darin, daß uns der menschliche Körper und seine Funktionen — bis hin zu den materiellen Grundlagen der höchsten Leistungen unseres Gehirns — zwar bis in die innersten Einzelheiten biochemisch und molekularbiologisch analysierbar werden und daß dieser so entschlüsselte Körper und seine Funktionen damit mannigfacher chemischer Beeinflussung zugänglich werden, daß wir uns jedoch zugleich aus ureigenster Erfahrung bewußt sind, daß wir mehr sind als ein chemisches System. Wir wissen einfach, daß der Mensch auch durch die noch so weit getriebene chemische Analyse niemals ganz erfaßbar ist, da ihm ein Eigenwert zukommt, der seine molekularbiologische Systemnatur transzendiert, der ihm den Anspruch auf Achtung seiner Menschenwürde, vor allem seines Anrechts, der Fähigkeit und der Pflicht zur Bestimmung über sich selbst verleiht.

Die ethische Herausforderung besteht somit vor allem in dem zumindest scheinbaren Widerspruch, daß jedes Lebewesen, auch der Mensch, sich durch und durch als chemisch zusammengesetztes materielles System erweist, dessen physische Grundlagen der Lebendigkeit sich vermutlich restlos molekularbiologisch erfassen lassen. Daß diesem hochkomplexen materiellen System Mensch jedoch zugleich ein ebenso unbestreitbar immaterieller Wert zukommt, der uns selbst dann verpflichtet, ihn niemals nur wie ein kompliziertes Stück Materie zu betrachten oder zu behandeln, wenn wir völlig davon überzeugt sind, daß in seinen Lebensäußerungen alles mit normaler, letztlich restlos analysierbarer Physik, Chemie und Molekularbiologie vor sich geht.

Ein ethisches Problem ist dieser Widerspruch, weil Ethik uns darüber unterrichtet, was die Normen, die Bewertungen sind, nach denen wir unsere Handlungsentscheidungen treffen sollen. Während die Molekularbiologie unsere Natur aufklärend analysiert, uns also sagt, aus welchen Stoffen wir bestehen und wie unser Körper funktioniert, bedürfen wir ganz unabhängig davon einer ethischen Bewertung dessen, wozu uns dieses Wissen über uns selbst ermächtigt und berechtigt und welche Grenzen unser Handeln achten muß, weil ethische Normen dies gebieten, nicht weil sie biologisch vorgegeben wären.

Bei der Begründung des normativ zu respektierenden Eigenwerts des Menschen, der über seine materielle Eigentümlichkeit kategorial hinausreicht, habe ich keinen Bezug darauf genommen, daß es ein immaterieller Bestandteil seines Wesens sei — wir mögen diesen Bestandteil Seele, Psyche, Geist oder wie immer nennen —, der ihm diesen besonderen Anspruch auf Achtung seiner Menschenwürde verleiht. Davon sind sicher viele — vor allem aus religiösem Glauben — überzeugt. Es ist jedoch entscheidend zu betonen, daß dieser ethische Eigenwertanspruch auch unabhängig davon unverkürzt zu gelten hat, weil er sich nämlich unmittelbar aus der unabweisbaren Erfahrungsevidenz jedes einzelnen von uns — auch wenn er religiös agnostisch ist — ergibt und ganz unabhängig davon ist, ob man den Menschen dualistisch als Leib-Seele-Wesen oder monistisch als eine ausschließlich materiell existierende Einheit zu erkennen meint.

Es wäre schlimm um den Anspruch auf Achtung unserer Menschenwürde bestellt, wenn es von persönlichen Glaubensansichten über diese wohl niemals endgültig zu klärenden Fragen zum Leib-Seele-Problem abhinge, ob Mitmenschen als komplizierte chemische Maschinen — und nur als solche — behandelt werden oder ob ihnen als Menschen ein Anspruch auf einen unveräußerlichen Eigenwert zuerkannt wird, der es ausschließt, daß über sie wie über eine beliebige Sache verfügt werden darf.

Es ist allerdings auch ethisch nicht ohne Belang, ob wir uns — wie allzu viele — auf den Standpunkt stellen, daß nur uns Menschen ein echtes Seelenleben (und demzu-

60

folge ein solch einzigartiger Wert) zukommt, während alle anderen Kreaturen vielleicht dann doch nur chemische Maschinen sind, wie es die cartesianische Lebensphilosophie behauptete.

Wer die Tatsache der kontinuierlichen Evolution alles Lebens unter Einschluß unserer eigenen Spezies erkannt hat und ernsthaft zu Ende denkt, der sollte Schwierigkeiten mit einem solchen anthropozentrisch-egoistischen Selbstwertanspruch haben. Es dürfte bei einem Minimum an Mitgefühl und Logik schwer sein, vor allem den uns abstammungsgeschichtlich nahestehenden Säugetieren wenigstens in abgestufter Weise das Attribut empfindungsfähigen Bewußtseins zu verweigern, das wir dem Mitmenschen ganz selbstverständlich zusprechen, auch wenn wir uns mit ihm nicht besser verständigen können als mit einem Tiergefährten.

Die ethischen Normen über die Grundrechte der Menschen, die unser Handeln gegen sie bestimmen und begrenzen, dürfen jedenfalls unter keinen Umständen davon abhängig gemacht werden, welche Vorstellungen über die Natur unseres Wesens man sich macht. Die Menschenwürde ist kein theoretisches Konstrukt der Anthropologie, sie ist auch nicht vom Glauben an eine unsterbliche Seele, geschweige denn von einem Lackmustest, der sie uns nachweist, abhängig.

Die ethische Bewertung des Menschen als Person gründet einerseits in der subjektiven Selbsterfahrung der eigenen Menschlichkeit als selbständig und bewußt wahrnehmendem, empfindendem und selbstverantwortlich entscheidungs- und handlungsfähigem Wesen, kurz gesagt, in der Ich-Evidenz — einer Primärerfahrung, die ganz und gar unabhängig davon ist, ob unser Körper eine chemische Maschine ist oder sich aus zwei oder noch mehr Wesenselementen zusammensetzt; und sie gründet andererseits in der genauso unabweisbaren (allerdings durch Indoktrination leichter verdunkelbaren) Einsicht in die Du-Evidenz: daß nämlich andere Menschen sich genauso wie ich selbst als bewußt selbstverantwortliche, entscheidungsfreie Wesen erleben und daß ich ihnen daher den gleichen Anspruch auf Respektierung ihrer Menschenwürde zuerkennen muß, den ich von ihnen für mich selbst einfordere. Die angeborene Gleichheit aller Menschen — bei aller unüberschaubaren Ungleichheit in unzähligen Eigenschaften — besteht genau in diesem Anspruch auf Beachtung der gleichen Würde ihrer Menschlichkeit.

Die ethische Herausforderung durch die Molekularbiologie besteht darin, diese Spannung zu verkraften, die zwischen dem immer lückenloseren Nachweis der ganz und gar chemischen Natur unseres Körpers und aller seiner Leistungen und der unverrückbaren Gewißheit besteht, daß uns all diese molekularbiologischen Kenntnisse nicht davon abbringen dürfen, daß sich die ethische Eigenwertigkeit eines jeden Menschen dadurch um kein Jota ändert.

Körper und Geist

Das scheint zumindest so lange nicht allzu strittig, als man die Ebene der abstrakten Betrachtung nicht verläßt. Selbst im Konkreten bleibt es so lange wenig problematisch, als wir uns auf die Betrachtung der sogenannten animalischen Funktionen unseres Körpers beziehen. Es regt niemanden sonderlich auf, und es tangiert auch seine Menschenwürde nicht, wenn er erfährt, wie Myosin- und Aktinmoleküle zusammenwirken, damit er seinen Arm bewegen kann; wie seine Niere Salze aus seinem Blut hinausfiltriert und wieder resorbiert; was seine Leber chemisch leisten muß, um die Folgen von Wein- oder Biergelagen zu entsorgen; selbst daß — doch wird es hier schon problematischer — es einiger Hormone in unserem Blutkreislauf bedarf, damit sich manche Leidenschaft so recht entzünden kann. Alles unzweifelbar Molekularbiologie, dagegen gibt es wenig einzuwenden, auch keine Hemmungen, mit chemischen Medikamenten einzugreifen, wenn die eine oder andere der Funktionen zu versagen droht.

Das wird jedoch erheblich anders, wenn wir uns dem organischen Substrat der geistigen Funktionen nähern. Daß alle unsere Nervenzellen mittels physikochemisch definierter Mechanismen von elektrischen Membranpotentialen, von Ionenflüssen und -transporten, von molekularer synaptischer Übertragung und unter dem Einfluß vielfältig modulierender Neurohormone funktionieren müssen, die wir bis in subzelluläre Einzelheiten zu verstehen beginnen, damit im Lichte des Bewußtseins, geschweige denn der Erkenntnis, Gedanken unseren Geist bewegen können, das mag noch angehen, obwohl es schmerzhaft pointiert die Frage nach der Körper-Geist-Beziehung stellt.

Wie aber, wenn geringfügigste Veränderungen der biochemischen Produktion bestimmter Gehirnzentren den abgrundtiefen Unterschied zwischen einem normalen menschlichen Gemütsleben und selbstzerstörerischer Depression ausmachen, in der die Welt — bei unverändert funktionierendem Kognitionsvermögen — für den Gesunden kaum mehr begreiflich bedrückend und verdüstert wahrgenommen wird? Wenn geradezu unglaublich einfache chemotherapeutische Eingriffe nicht nur die Stimmungslage, sondern gleichsam die ganze Weltsicht eines Menschen grundlegend verändern können? Wenn Drogensucht aus einem urteils- und handlungsfähigen Menschen in kurzer Zeit einen verfallenen Zombie werden läßt, dem alle Selbstbestimmungsfähigkeit verlorengeht? Wenn eine Rauschdrogenersatzbehandlung die eine, zerstörerische, chemische Abhängigkeit durch eine andere, künstlich — da angeblich weniger schädlich — hinzugefügte ablöst. Wird da der molekularbiologisch funktionierende Mensch nicht ganz und gar in seiner chemischen Natur und chemischen Verletzlichkeit erkennbar, und droht er dadurch nicht zugleich ganz sichtbar molekularchemisch verfügbar zu werden? Der chemisch beruhigte, abgeschaltete Psychotiker hier, der chemisch aktivierte, „angetörnte", d. h. eingeschaltete Leistungstyp — sind sie nicht wandelnde, fast schon chemisch schlafwandelnde Belege dafür, daß unsere Menschlichkeit sich tatsächlich in chemische Reaktionsabläufe auflöst —, geht es nicht schon beim Kaffee-, Zigaretten-, „Jetzt-aber-einen-Drink"-Bedarf bei jedem von uns täglich los?

Verletzbarkeit — Heilbarkeit

Der rasche Fortschritt der Molekularbiologie des Nervensystems lehrt uns immer deutlicher, daß alle diese und tausend andere Eigenschaften und Potentiale unserer psychischen Natur und ihrer chemischen Verletzbarkeit und Heilbarkeit auf Schritt und Tritt unser ethisches Urteilsvermögen herausfordern. Was diesen Zusammenhang zwischen Ethik und Neuromolekularbiologie besonders schwierig macht: Weder die Ärzte und Pharmaexperten (geschweige denn die forschenden Neurobiologen) noch die durch Persönlichkeitsveränderungen Betroffenen sollten und können die hier einschlägigen ethischen und rechtlichen Fragen allein entscheiden; sie brauchen die Unterstützung der klärenden Urteilsbildung in einer breiten, offenen gesellschaftlichen Diskussion.

Gar keine Frage, daß uns das immer weiterreichende Verständnis der molekularbilogischen Grundlagen des Fühlens, Wollens, Denkens, Lernens, Vergessens vielfältige Möglichkeiten eröffnen wird, krankhaft gestörte Leistungen lindernd und heilend zu beeinflussen. Dennoch öffnet sich damit zugleich der Weg zur chemischen Persönlichkeitsbeeinflussung — und zwar durch Fremd- wie durch Selbstbehandlung —, und damit stellt sich immer drängender die ethische Herausforderung durch den Fortschritt molekularer Neurobiologie. Zwar werden wir die Leistungen unseres Gehirns bestimmt niemals allein auf chemische Prozesse zurückzuführen vermögen, doch sind eben weitgehend normal verlaufende neurochemische Prozesse die unabdingbare Voraussetzung für alle Leistungen unseres Gehirns. Je besser wir diese verstehen, um so offener sind sie jedoch auch unserem Zugriff ausgesetzt.

Es wäre vermessen, auch nur anzudeuten, es gebe schlüssige Antworten auf alle ethischen Fragen, die uns der Fortschritt der Molekularbiologie auf diesem Gebiet schon heute stellt. Wir brauchen uns aber nur den Mißbrauch einer auch mit chemotherapeutischer Gewalt verfahrenden Psychiatrie in totalitären Gesellschaftssystemen zu vergegenwärtigen oder den Selbstmißbrauch, den der individualistische Hedonismus mit tatkräftiger Unterstützung eines von ihm angetriebenen, florierenden Lustbefriedigungs- und Unlustbefreiungsmarktes betreibt, um uns bewußtzumachen, wie wichtig es ist, daß unabhängige ethische Bewertung dessen, was wir im Umgang mit unserer nur allzu offenkundig molekularbiologischen Natur zu tun und zu unterlassen haben, zu den besonderen Herausforderungen gehört, vor die uns der Fortschritt der Molekularbiologie des kranken und gesunden Menschen stellt.

Die Aufklärung der biologischen Grundlagen geistiger und emotionaler Leistungen der Menschen ist aber nur eine ethisch besonders herausfordernde Forschungsfront moderner Biologie. Nicht anders steht das bei der Entschlüsselung der Mechanismen, die bewirken, daß aus der befruchteten menschlichen Eizelle mit ihren einigen zehn- bis hunderttausend Genen ein Mensch mit einer ganz bestimmten, unverwechselbaren, einmaligen Verbindung von Eigenschaften heranwächst, in deren Entstehung die Wirkung der elterlichen Erbanlagen und der Einflüsse innerer und äußerer Entwicklungsbedingungen unentwirrbar zusammengewirkt haben.

Auch hier beginnt der kontinuierliche Entwicklungsprozeß fast schon brutal eindeutig in molekularer Biologie — also genaugenommen in der Chemie der Zelle. Die chemische Natur der Erbanlagen ist grundsätzlich seit 1953 mit der Entschlüsselung der Struktur der Nukleinsäuren durch Watson und Crick offengelegt worden. An die 5000 menschlicher Gene wurden inzwischen zumindest aus den Erbgängen der durch sie bewirkten — meist krankheitserzeugenden — Folgen identifiziert und in wachsender Zahl auch an präzisen Chromosomenorten lokalisiert.

Für eine zwar noch kleine, aber ständig wachsende Zahl von Genen, deren Defekte schwere häufige Erbkrankheiten — wie zum Beispiel fortschreitende Muskeldystrophie oder Mukoviszidose — zur Folge haben, ist es bereits gelungen, die genaue Molekularstruktur — also die Nukleotidsequenz — der verantwortlichen Chromosomenabschnitte aufzuklären. Dadurch wird es in Kürze möglich sein, solche defekten Gene selbst in einzelnen Zellen — z. B. eines Embryos im mütterlichen Blut — eindeutig nachzuweisen. Die Zahl der Babys unter den 150 Millionen jährlich Neugeborenen, die unter mehr oder minder schweren genetisch bedingten Defekten leiden, geht in die mehrere Millionen, die Zahl der insgesamt davon betroffenen Menschen dürfte 100 Millionen überschreiten.

Berücksichtigt man jedoch, daß die meisten degenerativen Altersleiden, ja daß der Prozeß des Alterns selbst genetisch-molekularbiologisch bedingt sind und daß auch die Anfälligkeit jedes gesunden, normalen, jungen Menschen für zahlreiche Krankheiten — von mikrobiellen Infektionen bis zu Herzkreislaufleiden oder Krebs — genetisch, d. h. molekularbiologisch mitverursacht ist und daher günstigenfalls auch durch molekularbiologisch-chemische Therapie beeinflußt werden kann, so muß uns bewußt werden, daß die Auswirkung humangenetischer Erkenntnisfortschritte nicht nur die unglückseligen, seltenen, deformiert geborenen Babys oder die Sorgen davor von Schwangeren über 40 betrifft, sondern jeden von uns, das ganze Leben lang.

Denn unsere Gene sind nicht etwa nur dafür da, damit der Sohn so klug und tüchtig wie der Vater oder die Tochter so liebreizend wie ihre Mutter wird (und vice versa), sondern um Tag und Nacht ein Leben lang in jeder Minute in jeder unserer Billionen Körperzellen dafür zu sorgen, daß wir, ob wachend oder schlafend, überhaupt leben können.

Natürlich sind wir weit entfernt davon, die Funktionsweise auch nur der wichtigsten, geschweige denn aller Gene, die zur Entstehung und beim „Betrieb" eines normalen oder eines durch Erbkrankheit beschädigten Menschen zusammenwirken müssen, zu verstehen. Es kann jedoch kein Zweifel daran bestehen, daß der Erkenntnisfortschritt vieler Zehntausender molekulargenetisch arbeitender Wissenschaftler und Ärzte unser Wissen über die chemische Natur unserer Erbanlagen und ihrer Einflüsse auf Entwicklung und Funktionsweise des Menschen von Jahr zu Jahr schneller erweitern wird.

Dazu bedarf es gar nicht der fatalen Überschätzung der Bedeutung der Gene für den Menschen, die heute seltsamerweise nicht von Genetikern, sondern eher von den Gegnern humangenetischer Forschung kommt, die nämlich jede Einflußnahme auf die genetische Konstitution eines Menschen — und sei es zur Verhinderung oder Linderung schwerster Leiden — als Sakrileg hinstellen, als ob die Gene eines Menschen ein und alles wären, als ob sie deshalb so unantastbar sein müßten wie des Menschen Würde. Gerade weil, wie deshalb so ausführlich besprochen, die Würde des Menschen nicht in seiner „Natur", auch nicht in seiner molekulargenetischen Natur, verankert ist, sondern in seinem Anspruch auf Achtung seiner Selbstbestimmung — auch über das, was molekulargenetisch mit ihm geschieht —, scheint es ausgeschlossen, daß man ihm zum Beispiel die Möglichkeit einer molekulargenetischen Krankheitsdiagnose oder einer somatisch-molekulargenetisch eingreifenden Therapie vorenthält, nur weil dadurch angeblich manipulierend Hand an seinen Wesenskern gelegt werden könnte.

Diese Überlegungen machen jedoch auch klar, warum ein genetisch manipulierender Eingriff in die Erbsubstanz der Keimbahn auf unüberwindlich große ethische Bedenken stoßen muß. Würde dabei doch die gezielte genetische Veränderung eines Menschen angestrebt, der sie tatsächlich nur als Fremdeingriff ohne Achtung seines Rechts auf Selbstbestimmung erlitte. Gewiß, gäbe es eine absolut sichere Garantie, daß auf solche Weise ein gesunder Mensch aus einem Keim heranwachsen kann, der ohne den genetischen Reparatureingriff zu einem schrecklichen Leiden verurteilt gewesen wäre, so könnte man — wie in vergleichbaren Fällen medizinischer Eingriffe an nicht zur eigenen Entscheidung mächtigen Menschen — die Zustimmung des Betroffenen vermutlich ohne unüberwindliche ethische Bedenken unterstellen.

Leider gibt es aber — jedenfalls bisher — keine Aussicht, daß keimbahngentherapeutische Eingriffe jemals — zum Beispiel im Tierversuch — so sicher gemacht werden könnten, daß nicht Gefahr bestünde, zumindest in der Erprobungsphase an Menschen diese zu bloßen Versuchsobjekten ohne ihre auch nur unterstellbare Einwilligung zu machen. Jede genetische Keimbahnmanipulation scheint mir aus diesen Gründen nach heutigem Stand unserer Erkenntnisse ethisch unvertretbar.

Das Genomprojekt

Die ethische Herausforderung, die von unserer wachsenden Einsicht in die molekulare Struktur des menschlichen Genoms ausgeht, wird besonders lebhaft im Zusammenhang mit dem „Genomprojekt" erörtert, also dem internationalen Großforschungsvorhaben, das in den nächsten 15 oder 20 Jahren mit einem Kostenaufwand von mindestens 5 Mrd. DM die exakte Reihenfolge der 3 Mrd. Nukleotideinheiten der gesamten Erbsubstanz des menschlichen Zellkerns sequenzieren soll. Einflußreiche Molekulargenetiker in den Vereinigten Staaten und in anderen wissenschaftlich führenden Nationen haben mit durchaus gewichtigen Gründen geltend gemacht, daß die Kenntnis der Struktur des gesamten Genoms des Menschen uns mit Sicherheit ungeahnte Einblicke in die genetischen Grundlagen menschlicher Eigenschaften und ihrer Entwicklung, der exakten Frühdiagnose zahlreicher erblich bedingter

Krankheiten und damit auch ganz neue Möglichkeiten therapeutischen oder krankheitsverhindernden Eingreifens eröffnen würde. Man muß allerdings hinzufügen, daß andere, durchaus nicht weniger gewichtige Wissenschaftlerstimmen den gewaltigen Aufwand für die schnellstmögliche Totalsequenzierung des menschlichen Genoms weder aus wissenschaftlichen noch aus medizinischen Gründen für gerechtfertigt halten.

Übereinstimmung besteht bei den meisten biomedizinischen Wissenschaftlern hingegen darüber, daß es möglich, wichtig und geradezu notwendig ist, nachweislich funktionell wichtige Abschnitte des menschlichen Genoms — wahrscheinlich nur wenige Prozent der gesamten 3-Mrd.-Glieder-Kette — bis in das letzte molekulare Detail hinein zu entschlüsseln und insbesondere die Wirkungsweise dieser bedeutungsträchtigen — und gerade deshalb bei Defekten genetisch krankheitsbedingenden — Chromosomenabschnitte und der durch sie programmierten Eiweißgenprodukte zu erforschen.

Daneben wird es für nicht weniger wissenschaftlich wie medizinisch ertragreich gehalten, an Versuchstieren — von Fadenwürmern über Taufliegen bis zu Mäusen — möglichst viele genetische Botschaftsträger und ihre Funktionen zu entschlüsseln, da zahlreiche genetische Strukturen und Funktionen über gewaltige phylogenetische Abstände hinweg zwischen verschiedensten Organismengruppen bis hin zum Menschen strukturell und funktionell erstaunlich konservativ beibehalten worden sind. Was wir aber ebensogut — oder meist sogar besser — an der Maus analysieren können, das werden wir nicht unbedingt zuerst am Menschen ausprobieren wollen. Genetische Erkennungssonden, die uns die Mäusegenetik liefert, erleichtern nämlich oft die gezielte genetische Analyse am Menschen, genauso wie

Tiermodelle für genetisch bedingte Krankheiten des Menschen für die Untersuchung der Krankheitsentwicklung und der Wirkung möglicher Heilmittel in aller Regel unentbehrlich sind.

Wer Kranken helfen will, kann daher auf Tierversuche nicht verzichten. Wer gegen alle, auch medizinisch wohlbegründete Tierversuche eintritt, müßte zugeben, daß ihm das Leiden kranker Menschen gegenüber den Opfern von Versuchstieren weniger gilt — eine weitere ethische Herausforderung, die sich auch dem molekularbiologisch arbeitenden Forscher stellt, da auch er nicht auf Tierversuche verzichten kann, um seine Kenntnisse dem Menschen nützlich zu machen.

Genanalyse

Was sind die ethischen Probleme, vor die uns die molekularbiologischen Entschlüsselungsarbeiten am menschlichen Genom stellen? Es geht dabei um Chancen, Risiken und Grenzen unserer genetischen Selbsterkenntnis und des Eingriffs in unsere genetische Konstitution.

Die wichtigste und zugleich sehr ambivalente „Errungenschaft" fortschreitender Genanalysemöglichkeiten wird es sein, daß man jedem Menschen auf Wunsch gleichsam ein immer detailreicheres Profil seiner genetischen Dispositionen für alle möglichen Erkrankungen liefern kann. Dabei ist dieser Zuwachs an genetischem Wissen über sich selbst nicht so sehr für bereits Erkrankte von wirklich neuer Qualität. Sie wissen ja schon von ihrer Erkrankung, erfahren nun allerdings mehr über deren genetische Ursachen und deren Weitervererbbarkeit und können im günstigen Fall sogar auf therapeutische Hilfe rechnen.

Viel gravierender ist hingegen die damit ebenfalls gegebene Möglichkeit, solche Erbdispositionen schon lange, unter Umständen Jahrzehnte vor dem Auftreten der Erkrankung zum Beispiel bei Neugeborenen festzustellen, und dies noch dazu für Krankheiten, die keineswegs bei jedem Träger der Erbstörung zum Ausbruch zu kommen brauchen, und — fast noch schlimmer — für solche, die zwar ziemlich sicher ausbrechen werden, für die es aber noch keine Heilung gibt.

Die damit der Medizin in die Hand gegebene Möglichkeit zur Vorhersage möglicher oder sogar sicherer späterer Krankheitsentwicklungen ist in der Tat eine Herausforderung für die ärztliche Ethik wie für moralische Entscheidungen jedes Betroffenen, vor allem hinsichtlich der Erfüllung eigener Kinderwünsche. Es ist nicht zu bestreiten, daß die Medizin damit eine erheblich gesteigerte Vorhersagemacht erlangt. Ganz neuartig ist solche Prognosekapazität allerdings auch nicht. Schon jetzt können und müssen Ärzte vielen Patienten wahrscheinliche oder sichere Krankheitsfolgen ihrer Konstitution oder ihres raubbauenden Lebenswandels vorhersagen.

Die Frage, ob der Mensch denn überhaupt mit der sicheren oder wahrscheinlichen Aussicht auf ein späteres schweres Leid und frühen Tod zu leben vermöge, scheint mir allerdings ziemlich töricht: Erstens mußten die Menschen über Jahrhunderttausende mit dem Wissen, daß ihnen nur ein kurzes, hartes Leben beschieden sein würde, leben. Zweitens muß sich eine große Zahl genetisch schwerbehinderter Menschen bereits heute, oft von frühester Kindheit an, mit dieser Gewißheit abfinden, und viele vermögen dies in bewundernswerter Charakterfestigkeit zu tun, die Gesunde oftmals beschämt.

So mancher, der daher behauptet, der Mensch könne soviel Wissen über seine Zukunft gar nicht ertragen, tut dies wohl nur, weil er die dadurch geforderte Selbstverantwortung lästig findet; könnte ja sein, daß man bewußter und vernünftiger zu leben gezwungen wäre oder gar auf das eine oder andere Vergnügen verzichten müßte. Ich finde es unbegreiflich, daß Gesunde angeblich nicht mit der Last des Wissens künftig drohender Leiden leben können sollen, deren Eintritt sie sogar durch vernünftiges Verhalten hinauszögern könnten, während so viele Behinderte schon heute täglich damit fertig werden müssen.

Gewiß darf niemand, der nichts von seinen Erbanlagen wissen will, dazu gezwungen werden, sich einer Genanalyse zu unterziehen. Hat jemand jedoch aus freien Stücken — oder durch Erkrankung genötigt — Kenntnis von seinen genetischen Krankheitsdispositionen erhalten (es gibt keine kranken Gene, es gibt nur kranke Menschen und Gene, die mehr oder weniger wahrscheinlich zu Krankheiten disponieren), so stellt sich den einzelnen die moralische Frage, ob sie ihre Lebensführung, also z. B. Ernährungs- und Genußgewohnheiten, nicht so einrichten sollten, daß der Ausbruch von Krankheiten verzögert oder vermieden wird.

Handelt es sich um Erbanlagen für schwere unheilbare Leiden, so stellt sich den einzelnen mit noch größerer Dringlichkeit die moralische Frage, ob sie wirklich eigene Nachkommen haben dürfen. Niemand kann ihnen diese schwere Entscheidung abnehmen. Im Zweifelsfall mag die Adoption gesunder Kinder — denen dadurch oftmals sogar das Schicksal der Abtreibung erspart werden könnte — der eigenen genetisch kontraindizierten Vermehrung vorzuziehen sein. Ein weiterer Grund, in den eigenen Genen nicht sein und alles zu sehen!

Der Schöpfer hätte uns nicht mit Entscheidungsfreiheit begabt, wenn es seine Absicht gewesen wäre, daß wir nur schicksalsergeben hinnehmen, was die Natur über uns verhängt. Es kennzeichnet den Menschen als ein moralisches Wesen, daß er sich nicht wie ein Tier dem blinden Geschick des Vermehrungsgeschehens ausliefert.

Staat und Eugenik

Die moralische Verantwortung der Gemeinschaft ist es, angesichts der neuen humangenetischen Kenntnismöglichkeiten sicherzustellen, daß keinerlei Zwang auf die Bürger ausgeübt wird, sich einer Genanalyse zu unterwerfen oder die eben beschriebenen Entscheidungen — in Lebensführung wie in Vermehrung — nach einem wie immer definierten Gemeinschaftsinteresse zu treffen.

Kein Zwang bei betrieblichen Eignungstests für bestimmte Arbeitsplätze.

Kein Zwang von Versicherungen, sich einem genetischen Risikoscreening zu unterwerfen.

Kein Zwang zur genetischen Familienberatung, und am allerwenigsten gesellschaftlicher Zwang, nur ideale Kinder zu erzeugen, indem man jene, die als weniger ideal gelten, gar nicht erst leben läßt.

Das bedeutet mit anderen Worten: Keine, aber auch gar keine staatliche oder gesellschaftliche Maßnahme, die der Eugenik, der „Gesunderhaltung" oder gar der „Verbesserung" des Genpools der Bevölkerung dienen soll — eine übrigens nicht nur moralisch, sondern auch wissenschaftlich völlig diskreditierte Bestrebung, denn die Häufigkeitsverteilung der rezessiven Gene, die für die meisten Erbkrankheitsdispositionen in der Bevölkerung verantwortlich sind, wäre selbst durch die drastischsten eugenischen Auswahlmaßnahmen gegenüber den homozygoten Merkmalsträgern — also den

Kranken — auch über lange Zeit hinweg gar nicht wesentlich zu beeinflussen. Selbst wenn dies aber so wäre, müßte aus ethischen Gründen uneingeschränkt gelten: Behinderte am Geborenwerden zu hindern darf niemals die Aufgabe eines humanen Gemeinwesens sein.

Wir sollten auch nicht so tun, als wäre der Besitz defizienter Gene das Schicksal weniger Außenseiter. Jeder, absolut jeder von uns trägt mit Sicherheit in seinem Erbgut eine ganze Anzahl von Genen, die — wenn sie unglücklich kombiniert auftreten — ein Kind genetisch zu einer Krankheit disponieren können. So war es immer, so wird es immer sein. Am Genpool der Menschheit gibt es durch Staat und Gesellschaft nichts herumzureparieren oder gar plangemäß zu verbessern.

Der Reichtum an genetischen Varianten der Menschheit ist zugleich ihr Reichtum an verschiedenartigsten Talenten. Der Preis dafür ist, daß es neben besonders glücklich Begabten auch vom genetischen Unglück Getroffene gibt. Aus der Sicht der Gesellschaft bedeutet dies nur eine moralische Herausforderung: sich um diese wie jene nach besten Kräften zu kümmern.

Dieser ethischen Pflicht für Staat und Gesellschaft zur äußersten Zurückhaltung vor jedem „eugenischen Bevölkerungsmanagement" entsprechen jedoch andererseits wichtige individuelle Anrechte des einzelnen auf genetisches Wissen über sich selbst und seine Nachkommen, wenn er solches Wissen aus freien Stücken begehrt. Der Staat hat nicht das Recht, aus Fürsorglichkeit den einzelnen im Stande der Unwissenheit zu halten.

Es gehört nach meiner Überzeugung zu den Pflichten eines Gemeinwesens, dem einzelnen auf Wunsch die Kenntnis seiner wirklichen, auch seiner genetischen Lage zu ermöglichen, wenn die Untersuchungsmethoden dafür verfügbar sind, auch wenn solches Wissen belastet. Das Recht auf Nichtwissen darf nicht zum Zwang zum Nichtwissen entarten — der am einfachsten dadurch ausgeübt würde, daß man humangenetische Untersuchungen trotz der freiwilligen Zustimmung von Patienten und Ärzten zu unterbinden suchte. Der gesetzlichen Sicherung des Menschen gegen unfreiwillige genetische Ausforschung muß die Sicherung des Anspruchs korrespondieren, sich freiwillig einer genetischen Analyse zu unterziehen. Die strikte Ablehnung jeder staatlich verordneten eugenischen Maßnahme steht nicht im Widerspruch dazu, daß Eltern das Recht haben müssen, sich für einen möglichst frühzeitigen Schwangerschaftsabbruch zu entscheiden, um einem Kind ein Leben unter schwersten Leiden und Schmerzen zu ersparen. Diese Entscheidung hat nichts mit Eugenik zu tun, obwohl es heute manchmal fälschlich so hingestellt wird, aber viel mit dem Mitleid, das auch zu unserem Humanum gehört. Bei solchen sicher immer unendlich schweren Entscheidungen, die nur die Eltern selbst nach gründlicher Beratung, aber in freier Entscheidung fällen können und vor ihrem Gewissen verantworten müssen, darf es immer nur um das Schicksal der einzelnen gehen, der Betroffenen, der Familie. Sie brauchen aufklärende Hilfe, sie verdienen Unterstützung, auch der genetischen Forschung, die ihrer Entscheidung eine möglichst sichere Tatsachengrundlage geben soll.

Es darf dabei niemals um die Gesunderhaltung oder gar Verbesserung der menschlichen Bevölkerung gehen. Wir brauchen keine besseren Menschen zu züchten, keiner wüßte zu sagen, was das überhaupt sein soll. Aber wir brauchen Hilfe für Leidende und im Extremfall die Chance, Ungeborenen aus Mitgefühl ein Leben in schwerstem Leid zu ersparen, wenn auch die Eltern dies nicht ertragen zu können meinen. Die Gemeinschaft sollte sich nicht das Recht anmaßen, eine Frau dazu zu zwingen, eine schwer geschädigte Leibesfrucht auszutragen.

Allerdings wird es gerade in der vertrauensvollen genetischen Beratung darauf ankommen, nur bei Dispositionen für wirklich schwere Leiden von beachtlichen genetischen Schädigungen zu sprechen; die unendliche Vielzahl leichter Defekte ist nicht der pränatalen Analyse und eigentlich auch nicht der Erwähnung wert. Die ärztliche Standesethik sollte und kann das Analyseangebot an Eltern strikt auf die Anlagen für schwere unheilbare Leiden beschränken (so wie sie bei uns schon jetzt die Geschlechtsbestimmung im ersten Schwangerschafts-Trimester verweigert).

Wie falsch es sein kann, jede genetische Variante als Defekt zu bezeichnen, mag der Fall der Angehörigen der mongolischen Rasse zeigen, die aus genetischen Gründen Alkohol schlecht vertragen, aber deshalb nicht etwa nur leichter betrunken werden, sondern wegen des folgenden üblen Befindens eben dadurch auch besser als unsereiner gegen krankhafte Trunksucht gefeit sind.

Mut zum Wissen

Das Wissen, das heute Genanalysen von geschädigten Erbanlagen geben, ist gewiß oft sehr belastend. Aber unwissend bleiben zu wollen, so sehr es Respekt verdient, muß nicht Ausweis überlegener Moral sein. Andererseits kann der Mut zu wissen in der großen Mehrzahl der Fälle auch unendliche Erleichterung geben, zum Beispiel jenen Eltern, die die Gewißheit erlangen, daß das Kind, das heranwächst, den befürchteten Schaden nicht erlitten hat. Genauso kann der genetische Fingerabdruck im Strafprozeß nicht nur den Täter identifizieren, sondern genauso den fälschlich Beschuldigten vor einem Fehlurteil bewahren.

Gewiß, die Genanalyse wird häufig nur den Schaden feststellen können, die Anlage für ein Leiden, aber wir sollten uns dabei auch stets bewußt sein, daß die Diagnose meist einer Therapie vorausgehen muß. Das ist auch nichts Neues in der Humangenetik: Die Feststellung der Erbdisposition für Phenylketonurie bedeutete so lange das schreckliche frühe Urteil unaufhaltsamer Verblödung eines Kindes, bis es gelang, durch phenylalaninfreie Ernährung die Krankheit am Ausbruch zu hindern.

Nicht jede genetische Veranlagung zur Krankheit muß eine Verurteilung zur Krankheit bleiben, wenn die Erforschung der Ursachen der Merkmalsausprägung Wege zur Abhilfe weist.

Erkenntnis und Nutzung

Was bedeuten diese Entwicklungen nun an Herausforderungen *für* die Molekularbiologie? In wesentlichen Punkten wurde diese Frage implizit im Vorhergesagten besprochen. Selbstverständlich wächst unser tiefgründiges Verständnis aller Lebensvorgänge dank molekularbiologischer Forschung in früher kaum für möglich gehaltenem Umfang.

Je deutlicher uns die biowissenschaftliche Aufklärung aller Lebensprozesse, die des Menschen eingeschlossen, unsere molekulare chemische Natur werden läßt, um so nachdrücklicher richten sich aber auch die Hoffnungen und — manchmal durchaus etwas bangen — Erwartungen auf die künftigen Leistungen der Molekularbiologie. Wenn nicht nur für Tausende von Krankheiten eine unmittelbare oder indirekte genetische Verursachung nachgewiesen wird, sondern an nahezu allen Gesundheitsstörungen auch Störungen der molekularen Maschinerie unseres Körpers zumindest mitwirkend beteiligt sind — von einer Virusinfektion bis zum Gemütsleiden, vom Bluthochdruck bis zur Alzheimerschen Demenz, vom Diabetes bis zur malignen Geschwulsterkrankung —, dann kann es gar nicht ausbleiben, daß dies als eine ständig drängendere Herausforderung wirkt, die ursächlichen Zusammenhänge molekularbiologisch bis ins letzte aufzuklären und damit zugleich die Grundlagen zuverlässiger Diagnose und (wenn möglich) kausaler Therapie zu legen.

Es gibt eben auch zu großen Hoffnungen Anlaß, wenn jetzt zum Beispiel nachgewiesen wurde, daß es von ganz bestimmten Metastase-Promotor- bzw. Metastase-Suppressor-Genen abhängt, ob sich eine Geschwulst harmlos oder bösartig entwickelt: Könnte es dann nicht möglich sein, die tödliche Entartung künftig durch genetischen Eingriff zu verhindern?

Es ist nicht nur die von spielerischer Neugier angetriebene, unstillbare — wie manche gar mit Erwin Chargaff meinen: frevlerische — Erkenntnissucht der Wissenschaft (und auch nicht vornehmlich das Bemühen, für ständig wachsende Biowissenschaftlerscharen eine auskömmliche Dauerbeschäftigung zu sichern), sondern das Bewußtsein, daß wir nicht nur noch viel mehr heute Unverstandenes, Wichtiges über die molekularbiologischen Mechanismen des Lebens, auch des menschlichen Lebens herausfinden können, sondern daß wir dies auch müssen, um unserer Verantwortung gegenüber unseren Mitmenschen und uns selbst gerecht zu werden.

Der Mensch war immer schon aus seiner Natur heraus gefährdet und anfällig für Leiden aller Art. Wir sehen immer deutlicher, daß auch aller Fortschritt wissenschaftlicher Erkenntnis an dieser conditio humana nichts ändern wird. Wir verstehen aber auch zunehmend genauer, was uns so anfällig und hinfällig macht — und viele der Ursachen dafür sind Folgen unserer molekularbiologischen Natur. Unsere chemische Konstitution, die chemische Reaktionsfähigkeit, die uns erst lebendig macht, sie macht uns auch chemisch verletzlich und zerstörbar.

Der molekularbiologische, biochemische und biotechnische Erkenntnisfortschritt wird uns davon nicht befreien, aber er gibt uns Mittel und Möglichkeiten, Gefahren früher und genauer zu erkennen, uns besser vor Schaden zu schützen, eingetretene Beschädigungen zu heilen oder wenigstens erträglicher zu machen, allerdings bringt er selber neue Gefährdungen mit sich. Es ist eine Grundbedingung unserer molekularbiologischen Existenz, daß in unserem Körper nach genetisch gegebenen Programmen ständig eine große Zahl komplexer chemischer Substanzen bereitgestellt und umgesetzt wird, auf deren Umsatz und Wirkung wir auf Gedeih und Verderb angewiesen sind.

Wenn es uns künftig möglich sein wird, eine Fülle solcher, vor allem körpereigener Wirkstoffe gentechnisch in großer Menge, Reinheit und Zuverlässigkeit herzustellen, um sie dort, wo sie fehlen, zu ersetzen oder vermehrt einzusetzen, so bewegt sich die molekularbiologisch fundierte Heilkunst damit nicht immer weiter weg von einer illusionär hypostasierten „natürlicheren" Heilkunde der Vergangenheit. Im Gegenteil, sie geht den natürlichen Bedingungen der Gesundheit und ihrer Störungen erst wirklich auf den Grund und sucht genau das auf möglichst natürliche Weise zu ergänzen, was uns unvermeidliche Pannen unserer chemischen Natur vorenthalten haben.

Wir wissen heute, daß viele Arzneimittel — gerade solche pflanzlicher oder anderer organischer Herkunft — deshalb auf bestimmte Funktionen unseres Körpers wirken, weil sie — sei es durch molekularen Zufall, sei es durch evolutionäre Selektion als Abwehrstoffe anderer Organismen — molekular präzise mit Empfängerstrukturen auf oder in unseren Körperzellen reagieren. Wenn es uns molekularbiologisch gelingt, solche molekularen Krücken durch die echten, fehlenden, benötigten körpereigenen Wirkstoffe zu ersetzen, so haben wir nicht die „Natur" (nämlich der Pflanzenwirkstoffe) durch gentechnische Unnatur ausgetrieben, sondern den Notbehelf durch das, was die natürliche Hilfe ist, ersetzt.

Risiken des Fortschritts

Die ethische Herausforderung für die Molekularbiologie erschöpft sich aber nicht in der Pflicht, durch forschendes Aufklären der molekularen Grundbedingungen unserer Existenz der Pharmazie und Medizin der Zukunft neue und bessere Möglichkeiten der Linderung und Heilung von Krankheiten zu erschließen, wozu in Zukunft auch die somatische Reparatur defekter lebenswichtiger Erbanlagen gehören kann.

Als noch wichtiger könnte es sich erweisen, daß uns gerade die Molekularbiologie in Stand setzen muß, biologische Gefahren zu erkennen und ihnen zu begegnen, mit denen uns gerade die lebendige Natur in Zukunft vermehrt bedrohen wird. Die paläomedizinische und ethnomedizinische Forschung der letzten Jahre hat uns gelehrt, daß unsere Vorfahren schon beim Übergang vom herumschweifenden Sammler- und Jägerleben zum Ackerbau, was ihre Gesundheit angeht, einen sehr riskanten Wechsel ihrer Lebensweise vorgenommen haben: Seßhaftigkeit und steigende Bevölkerungsdichte bei mangelnder Hygiene sowie das enge Zusammenleben mit Nutztieren und den tierischen Ausbeutern menschlicher Nahrungsvorräte boten nämlich einer ganzen Anzahl gesundheitsgefährdender Parasiten und Krankheitserregern immer bessere Entfaltungsbedingungen. Einige der schlimmsten Menschheitsseuchen, ob Pest oder Pocken, ob Cholera oder Tuberkulose, sind bei isoliert lebenden Sammlern und Jägern jedenfalls als Epidemien meist unbekannt, weil für sie die notwendigen Voraussetzungen für massenhafte Ausbreitung fehlen.

Nun haben wir uns — vom Fortschritt von Pharmazie und Medizin im letzten Jahrhundert verwöhnt — zunehmend in der Illusion zu wiegen begonnen, daß Hygiene, bessere Ernährung, Impfung und im Notfall Antibiotika unsere Bedrohung durch Infektionskrankheiten ein für allemal überwunden hätten. Allenfalls die Evolution resistenter Krankheitserreger — an der wir durch unvernünftigen Einsatz von Arzneien selber schuld sind — könnte uns künftig noch gefährden. Das letztere stimmt gewiß, wie erschreckende Meldungen über die Resistenzevolution gefährlicher mikrobieller Erreger in aller Welt beweisen. Doch ist dies nur ein Teil einer viel umfassenderen und bedrohlicheren evolutionären Entwicklung, die nicht erst kommt, sondern inmitten derer wir uns schon befinden. Mehrere Milliarden Menschen — das Stück zu durchschnittlich 50 kg bester Nahrung für vermehrungsfreudige Mikroben —, die zudem meist mehr als 10 000fach dichter gedrängt zusammenleben als unsere epidemiensicheren Steinzeitvorfahren und von denen sich ständig viele Millionen auf weltweite Wanderschaft begeben, als hätte sie ein strafender Gott als Sendboten verheerender Seuchen ausgeschickt — das sind Verhältnisse, unter denen sich mit unaufhaltsamer evolutionärer Dynamik immer neue Krankheitserreger bestens entwickeln und verbreiten können. Und was für uns zutrifft, gilt für unsere Nutztiere und Nutzpflanzen nicht minder. Kaum daß wir uns mit der Angst vor Immundefizienzviren etwas vertraut gemacht haben, versetzen uns schon wieder andere sogenannte „unkonventionelle" Viren — welch biologisch enthüllender Begriff! — in Schrecken, die erst bei Schafen, nun bei Rindern und anderen Säugetieren langsam, aber sicher schwere Gehirnzerstörungen bewirken: Da setzen sich vermutlich nur konsequente Vegetarier immer noch speisefreudig zu Tisch.

Es kann keinen Zweifel daran geben, daß es zu einer der wichtigsten Verantwortungen und deshalb ethischen Herausforderungen für die Molekularbiologie gehören wird, diese immer aufs neue in gewandelter Art wiederkehrenden molekularbiologischen Bedrohungen so früh wie möglich zu erkennen und bekämpfen zu helfen, die von neuartigen oder konventionellen, schon bisher nicht bekämpfbaren oder durch unser Ungeschick massenhaft resistent gewordenen mikrobiellen Erregern ausgehen.

Im Gegensatz zu dem, was manche Gegner der Molekularbiologie und Gentechnologie darüber glauben machen wollen, ist es nicht das Versagen einer außer Rand und Band geratenen naturwissenschaftlich-technischen Medizin, das uns immer neue Gesundheitsprobleme beschert (außer den immer alten der immer älter werdenden Alten), sondern deren Erfolg, dem wir die in der Tat außer Rand und Band geratene Massenbevölkerung der Erde verdanken, die es künftig immer neuen mikrobiellen Erregern allzu leichtmacht, in epidemischen Wellen über uns hinwegzurollen.

Heute und künftig ist es eine der ethischen Pflichten molekularbiologischer Forschung, darüber aufzuklären und auch dagegen zu schützen. Da wir niemals wissen werden, in welchen neuen Formen uns welche neuen biologischen und biochemischen Gefahren drohen, reicht es allerdings nicht aus, nur eine auf medizinische Probleme ausgerichtete biologische Forschung zu betreiben. Wir müssen die ganze Breite der Lebensprozesse verstehen, nicht nur des Menschen, sondern der gesamten Lebensvielfalt, in die wir untrennbar eingebunden existieren, um uns mit dem Wissen auszurüsten, das wir künftig brauchen werden.

Insofern ist es auch kein Widerspruch, wenn ich behaupte, daß gerade die von reinem Erkenntnisstreben geleitete biologische Grundlagenforschung not tut, die eben nicht nur der Befriedigung unserer Neugier nach Verständnis der vielen noch ungelösten Rätsel der lebendigen Natur dient, sondern tatsächlich die Grundlage all dessen ist, wodurch die Molekularbiologie ihrer ethischen Herausforderung gerecht wird.

Droge und Sucht

Wenn möglichst viel von dem, was über die ethischen Herausforderungen der Molekularbiologie ausgeführt wurde, zutrifft, so ist es unvermeidlich, daß unsere molekularbiologisch-chemische Natur uns zweierlei zugleich beschert. Einerseits das Bedürfnis nach jenen Drogen, nach den chemisch präzise definierten Medikamenten, die ihre gesundheitsfördernden Wirkungen deshalb entfalten können, weil unsere Zellen und Gewebe molekularbiologisch-chemische Systeme sind. Aber da dies so ist, eröffnet dieses Wissen zugleich das Tor zur chemisch immer raffinierteren Beeinflussung der unserem Gefühlsleben und unseren geistigen Fähigkeiten zugrunde liegenden biologischen Mechanismen, die wir — wenn Drogen solcher Art verfallen — verwenden können, um in unersättlicher Gier lustfördernd und unlustmindernd uns selbst wie chemische Lustmaschinen zu bedienen.

Das ist nicht neu: Es gibt keine menschliche Kultur, die sich der Rauschdrogen nicht genauso wie der Heildrogen bediente, wobei nicht selten beide beim Versuch, die psychischen Heilkräfte der Patienten zu stimulieren, gar nicht zu unterscheiden sind. (Auch was den Drogenrausch betrifft, sollte man übrigens nicht meinen, ein einzigartiges Menschenvorrecht entdeckt zu haben: Es gibt Beobachtungen, daß sich selbst manche Tiere im Freiland an Vergorenem berauschen.) Wenn wir lesen, daß der Gehirnzellenrezeptor für einen halluzinogenen Bestandteil von Marihuana identifiziert werden konnte, was wie bei Opiaten und anderen Rauschdrogen auf körpereigene psychotrope Stoffe schließen läßt, für die der Rezeptor eigentlich bereitsteht, so wird uns nicht nur noch einmal deutlich, daß die „Natur" gar nicht daran denkt, es mit ihren Gaben immer nur gut mit uns zu meinen (unter anderem eben deshalb, weil sie gar nicht denkt).

Wir müssen daraus auch einmal mehr erkennen, daß unsere durch und durch molekularbiologische Menschennatur dem wohltätigen chemischen Einfluß von Heildrogen genauso und auf gleiche Weise ausgesetzt ist wie den schrecklichen Persönlichkeitsverwüstungen durch Rauschdrogen. Wenn uns schon Paracelsus zutreffend belehrte, daß es nichts Giftiges an sich gibt, sondern daß immer die Dosis die Giftwirkung bestimmt, so müssen wir diese Elementareinsicht toxikologischer Molekularbiologie unbedingt durch die Einsicht ergänzen, daß nichts, was wir an Heildrogenbestandteilen entdecken und entwickeln, jemals notwendigerweise nur heilsam oder hilfreich sein wird: Die persönlichkeits- und lebensbedrohende Droge ist stets der Schatten, den die Heildroge wirft, wenn sie im Rampenlicht der öffentlichen Anerkennung steht. Ein Schlemihl, wer meint, ohne diesen Schatten davonzukommen.

Nicht nur weil der Mensch zu schwach und dumm ist, um der Versuchung des Mißbrauchs zu widerstehen, das sicher oftmals auch, sondern weil unsere molekularbiologische Natur, je genauer wir sie kennenlernen, uns unvermeidlich immer zugleich der erwünschten wie der gefährlichen chemischen Einwirkung zugänglich macht. Was heute einem heilsame Arznei ist, kann morgen ihm selbst oder anderen zur giftigen Droge werden.

Die Pharmakomanie ist die siamesische Zwillingsschwester der Pharmakognosie. Die Hoffnung auf Heilmittel, mit der der Mensch nach Drogen sucht, hat ihren Preis auch in der Drogensucht. Wir können sogar noch einen Schritt weitergehen: Selbst unser Vertrauen in die Wissenschaft, für alle unsere Probleme eine Lösung zu entdecken, erweist sich für die menschliche Gesellschaft schon als eine eigene Art gemeinschaftlicher „Allheilmittelsucht". Verräterischerweise sprechen wir ja auch von unserem Erkenntnisstreben in den Begriffen suchterregender Leidenschaft, von Wissensdurst, von Wißbegier, von Forscherdrang und von Entdeckungslust: Doch jede Lust kann süchtig machen.

Deshalb gehört auch dies zur ethischen Herausforderung der Molekularbiologie: Uns, indem sie uns besser über unser wirkliches natürliches, molekulares Wesen belehrt, nicht nur mächtiger im Umgang mit uns selbst und gegen uns bedrohende Gefahren zu machen, sondern zugleich wachsamer dagegen, daß uns, je mehr sie wächst, dieselbe Macht auch immer stärker selbst bedroht.

Es ist gewiß ein Glück, daß es die medizinische Forschung gibt, aber man braucht auch etwas Glück beim Umgang mit dem, womit sie uns auch zukünftig beglücken wird. Die „Droge Fortschritt", der wir allzu leicht verfallen, macht uns genauso süchtig, wie sie uns beglückt — und das nicht nur im medizinischen Bereich.

SCHAFFT WISSEN MACHT?
Vom Respekt zwischen Politik und Wissenschaft

Schafft Wissen Macht? Aber selbstverständlich, wer könnte gerade heute daran zweifeln? Worauf sonst beruht die unverschämte Selbstsicherheit von Herren wie Schalck-Golodkowski oder Markus Wolf, wenn nicht gerade auf dem Wissen, das ihnen ihre Stasi-Tätigkeit verschafft hat? Zittern nicht in den neuen Bundesländern — und keineswegs nur in den neuen, so ist zu vermuten — viele Menschen davor, daß öffentlich bekannt wird, was andere über sie wissen, und daß sie mit solchem Wissen erpreßt werden könnten? Wissen und Macht, Mitwisserschaft und Politik, erleben wir das nicht in beängstigender und oft genug Abscheu erregender Verbindung täglich neu?

Aber das ist mit der Frage „Schafft Wissen Macht?" nach üblichem Verständnis selbstverständlich nicht gemeint. Wenn auch das absichtliche Mißverständnis etwas nicht Unwichtiges lehrt: Es gibt nicht nur Wissen im wissenschaftlichen Sinn — als zuverlässige, jederzeit nachprüfbare, allgemeingültige Erkenntnis der Wirklichkeit —, sondern es gibt viele verschiedene Arten von Tatsachenkenntnis, die Macht verleihen können. Die wissenschaftliche Methode der Wissensgewinnung ist nur eine davon, allerdings eine sehr wichtige.

Auch die Macht der Presse beruht vor allem darauf, daß sie Wissen öffentlich und dadurch wirksam macht. Da man dies von ihr erwartet, verleiht ihr diese Erfahrung eine andere gefährliche Art von Macht: die Macht, durch Desinformation, Entstellung, Verfälschung oder Unterdrückung von Nachrichten (also von Wissen) in die Irre zu führen. Was — wie im Fall des Geheimwissens der Staatssicherheitsdienste — Weiteres über die

Beziehung zwischen Wissen und Macht verdeutlicht: Wissen kann Macht zum Guten wie zum Bösen verleihen. Wissen ist immer auch instrumentell nutzbar — sonst wäre es für das Handeln der Macht ohne Bedeutung — und daher instrumentalisierbar zu vielen, auch durchaus üblen Zwecken, die der Machtwille zu erreichen sucht. Nichts an der Güte des Wissens macht die Zwecke notwendigerweise gut, denen es dienstbar gemacht werden kann.

Und noch etwas wird daraus klar: Wissen ist als Geheimwissen, als verborgene oder verbogene Wahrheit, besonders gefährlich, da leicht zu mißbrauchen. Gegen diese gefährlichen Wirkungen geheimgehaltenen Wissens hilft vor allem eines: eine breit zugängliche Öffentlichkeit, so schmerzhaft es manchmal auch für Betroffene sein mag, das Wissen über ihre Fehler, Irrtümer oder gar Missetaten veröffentlicht zu sehen. Die reinigende Kraft des Bekanntwerdens zeigt sich auch im Umgang mit den Stasi-Akten. Auch einer kranken Gesellschaft hilft offenbar — nach alter Bauernregel — am besten frische Luft.

Zurück zur eigentlichen Frage: Schafft wissenschaftliches Wissen Macht und wenn ja, wie macht sie das und wie läßt sie sich — zum Beispiel durch öffentliche Kontrolle — zähmen? Die wissenschaftliche Forschung hat bei ihrer Suche nach neuen Erkenntnissen schon etwas vom ungezähmt frei in ungebahntem Feld seinen Weg suchenden Wildtier an sich, während so manchen offenbar eine Schafherde lieber wäre, die man, vom gesetzgebenden deutschen Schäferhund mit drohendem Gebell umkreist, nach Belieben melken, scheren und schlachten kann, wenn einem gerade nach Schafskäse, Schurwolle oder Lammrücken zumute ist. Wir Evolutionsbiologen haben übrigens für das Verhältnis von Wild und Hund ein hübsches, in diesem Zusammenhang recht erhellendes Bild, das — wenn mich nicht alles täuscht — zuerst von Richard Dawkins als „life dinner principle" der Koevolution von Räuber und Beute bezeichnet worden ist. Der Hase muß immer etwas schneller laufen und geschickter Haken schlagen als der ihn verfolgende Fuchs: denn er läuft um sein Leben, sein Verfolger nur für die Mahlzeit. Dieses Bild sollten wir im Hinterkopf behalten beim Nachdenken über das Verhältnis von Wissenschaft und Politik.

Was Wissen mächtig macht

Daß Wissen, wissenschaftliches Wissen, mächtig machen kann, ist keine neue Entdeckung. Das muß schon babylonischen Königen, ägyptischen Pharaonen und altchinesischen Kaisern selbstverständlich gewesen sein, sonst hätten sie sich wohl keine Hofastrologen = Hofastronomen gehalten, die ihnen nicht nur kalendarisches und damit jahreszeitlich klima- und wetterbezogenes Wissen zu liefern hatten — für die Landwirtschaft, die Jagd und den Fischfang nicht weniger wichtig als für Kriegszüge —, sondern denen von Anfang an abverlangt (und von ihnen willfährig verheißen) wurde, künftige Ereignisse hellseherisch vorauszusagen. Daß solches Wissen mächtig machen müßte, läßt sich nicht bezweifeln.

Da haben wir von Anbeginn an beides beisammen, was Machthaber von Wissenschaft wünschen: solides Tatsachenwissen über das, was Sache ist, und — natürlich nur zur eigenen Verfügung — Wissen über die Zukunft, Vorhersagen von Entwicklungen und Ereignissen, damit man sich auf sie einstellen und ihnen begegnen oder sie vorteilhaft nutzen kann, das heißt, um zu beeinflussen, was Sache werden soll. Das haben Machthaber sicher immer zusätzlich gewollt — selbst wenn sie vorgaben, der reinen Erkenntnis nur um ihrer selbst willen Unterstützung zu gewähren; das haben Wissenschaftler sicher immer zusätzlich versprochen, selbst wenn sie gleichzeitig vorgaben, die reine Erkenntnis nur um ihrer selbst willen zu suchen. Kein Philosoph hat dies klarer auf den Punkt gebracht als Francis Bacon, schon 1620 im „Novum Organon": „Knowledge and human power are synonymous"; „The real and legitimate goal of the sciences, is the endowment of human life with new inventions and riches"; „Truth, therefore, and utility are here perfectly identical". Allerdings hat es selbst dieser Kronzeuge der Äquivalenz von Wissen und Macht nicht versäumt hinzuzufügen, daß diese Macht geleitet sein müsse „by right reason and true religion".

Was macht nun aber die Wissenschaft für die Politik so unentbehrlich? Dazu mag es zunächst nützlich sein, sich darüber klarzuwerden, was eigentlich Macht bedeutet. Dabei geht es offenbar um die Fähigkeit, selbstbestimmten Zwecken folgend zu handeln und andere dazu zu veranlassen, sich diesem Handlungswillen zu fügen. Auch dies hat zwei Seiten: Mächtig ist gewiß, wer anderen seinen Willen aufzwingen kann; mächtig ist aber auch, wer sich keinem fremden Willen fügen muß. Selbstbestimmung, Autonomie kommt sogar mehr noch dadurch zum Ausdruck, fremder Willkür Widerstand leisten zu können, als dadurch, daß eigene Ziele durchgesetzt werden. Beide Aspekte der Beziehung zwischen Wissen und Macht sollte man im Auge behalten.

Warum die Macht das Wissen braucht

Die Politik braucht Wissen, das ihr die Wissenschaft — und von ihr angeleitete Technologie — verschafft, weil sie unausgesprochen oder ausgesprochen bestimmte Ziele durch ihr Handeln und Entscheiden erreichen will — vor allem über Zuwendung öffentlicher oder Entzug privater Mittel und über Erlaß zu beachtender Gesetze, Gebote und Verbote. Zum Beispiel versprechen Politiker, dafür zu sorgen, daß die Bürger in Freiheit und persönlicher Sicherheit ihren Lebensunterhalt verdienen und ihr Leben in gesunder Umwelt genießen können, daß ihnen in Krankheit und Not ausreichende Unterstützung zukommt, daß ihre Kinder eine qualifizierende Ausbildung erhalten und daß sie keine Bedrohung durch fremde Mächte zu fürchten haben. Sie versprechen dies alles und oft noch viel mehr, um dafür in Ämter gewählt zu werden, die es ihnen erlauben, ihre Wahlversprechen soweit wie möglich einzulösen.

So kommen sie zu Macht, und um diese zur Erfüllung all der schönen Verheißungen auszuüben, benötigen sie Wissen, viel Wissen, sehr viel Wissen sogar, das aus der Gesellschaft hervorgebracht werden muß, um die gewünschten Wirkungen zu ermöglichen. Natürlich können auch noch so tief von Mitgefühl bewegte Gesundheitspolitiker keinen Kranken heilen und kein Kind impfen, wenn es keine medizinischen Wissenschaften gibt, auf deren Wissen sie bauen, auf deren Rat sie hören, deren Fähigkeiten sie zur Wirkung bringen können. Auch der kultivierteste Kultusminister wäre machtlos, wenn er keine Lehrer, keine Professoren, keine Wissenschaftler und Forscher vorfände, wenn es nicht das Wissen gäbe, das wissenschaftliche Forschung in Jahrhunderten erarbeitet und für Lehre, weitere Forschung und praktische Anwendung verfügbar gemacht hat.

Kein vernünftiger Mensch wird erwarten, daß ein Wirtschaftsminister eigenhändig auch nur einen einzigen produktiven Arbeitsplatz in der Wirtschaft schaffen könnte, wenn es nicht allenthalben Menschen mit erheblichen, sehr differenzierten Fähigkeiten und Kenntnissen gäbe, die dieses Wissen so produktiv umzusetzen vermögen, daß daraus marktgängige Produkte entstehen. Dieses Wissen haben sie zumeist keineswegs selbst entdeckt oder erfunden, sie haben es von den Spezialisten der Erzeugung zuverlässigen Wissens, den Wissenschaftlern aller Arten und Sparten, vermittelt bekommen, um auf seiner Grundlage ihrerseits wissensmehrend weiterzuarbeiten. Empirische Analysen haben gezeigt, daß weltweit gerade Industriezweige mit von neuen wissenschaftlichen Erkenntnissen gespeistem dynamischem Innovationspotential die höchsten Zuwachsraten, die höchste Wertschöpfung, die sichersten Arbeitsplätze haben.

Wer sich darüber Gedanken macht, ob diese forschende Wissenschaftsmaschinerie, von der Fortschrittsdroge berauscht, nicht schon zuviel Wissen hervorgebracht hat und vielleicht strengerer gesetzlicher Überwachung bedarf, sollte zur Kenntnis nehmen, daß in einer komplexen, arbeitsteiligen, hochproduktiven wissenschaftlich-technischen Industrie-Zivilisation fast nichts, was unser Leben lebenswert macht, möglich wäre, wenn nicht ständig auf abertausend Wegen von Abermillionen Menschen Wissen gewonnen, verwendet und weitergegeben würde.

Wissen, das heißt zuverlässige Kenntnis über unsere Lebenswirklichkeit, keineswegs nur naturwissenschaftliches, sondern genauso technisches, sozial-, wirtschafts- und geisteswissenschaftliches Wissen, ist für die Existenz unserer Gesellschaft ebenso wichtig wie, ja sogar fast wichtiger als die Versorgung mit nutzbarer

Energie. Denn ohne Wissen hätten wir auch keine ausreichenden Energiequellen; wir wüßten noch nicht einmal, wie wir sie nutzen könnten.

Wissenschaft schafft Probleme, indem sie Probleme löst

Deshalb braucht Macht Wissen, weil sie sonst nicht weiß, was sie machen soll, was sie machen kann und wie sie es machen soll. Allerdings sagt ihr das wissenschaftliche Wissen nicht, was sie machen darf: Dazu bedarf sie — genauso wie die Wissenschaft selbst — der moralischen Weisung.

Ein Weiteres kommt jedoch in rasch zunehmendem Maß hinzu: Wissen hilft nicht nur, Probleme zu lösen, sondern es schafft aus sich heraus ständig neue Probleme, die wiederum neuer Lösungen bedürfen. Denken wir zum Beispiel angesichts unserer stabilen bzw. schrumpfenden Bevölkerung an die ständige Steigerung der Lebenserwartung: Was fordert das fortschreitende Älterwerden, das doch durchaus positiv zu werten ist, an neuem Problemlösungsvermögen heraus? Ganz neue Wissenschaftszweige entstehen. Während die Kinderärzte um Kundschaft bangen, floriert die Geriatrie.

Wissen, politisch begünstigt machtvoll angewandt, erzeugt somit ständig den Bedarf an neuem Wissen. Dies ist nicht anders bei den unüberschaubar, unübersehbar wachsenden Nebenfolgen der politisch gewollten, mächtig geförderten Wissensanwendung in den komplexen, global-interdependenten menschlichen Gesellschaften: Die grüne Revolution, ohne neues Wissen von Pflanzengenetik bis Landtechnik nicht denkbar und ohne massive politische Durchsetzung nicht machbar, hat nicht nur unzählige Hungernde ernährt, sie hat zugleich fast ebenso unzählige, keineswegs immer erwünschte Nebenwirkungen gezeigt, von Einflüssen auf Sozialstruktur und Ökonomie bis zu Folgen für Schädlingsepidemien, die ihrerseits erneut das weitere Zusammenwirken von Wissenschaft und Politik, von Wissen und Macht herausfordern.

Dabei gehört es wahrscheinlich zu den dümmeren Ratschlägen, wenn man der Forschung aufgibt, von Nebenfolgen und Nebenwirkungen garantiert freie, neue wissenschaftlich-technische Entwicklungen zu suchen. Das erinnert an den inbrünstigen Glauben in die Heilkraft homöopathischer Rezepturen: Verdünntes Wasser mag zwar keine Nebenwirkungen haben, aber der heilende Wirkungsnachweis bleibt ebenso aus. Leider gibt es zu viele, die aus dem Zusammenwirken von Wissen und Macht utopische Schlußfolgerungen ziehen; die sich von der Industriezivilisation gerne den Wohlstandspelz waschen lassen, dabei aber partout nicht naß werden wollen; die schrankenlose Müllerzeugung für ein Grundrecht freier Lebensführung, die Müllverbrennung aber für eine unzumutbare Belastung halten.

Technikfolgenbewertung als Selbsterforschung

Politik und Macht brauchen Wissenschaft in einer weiteren, immer umfassender werdenden Weise (die, wie gesagt, schon die Babylonier und Pharaonen umtrieb): Für das Handeln der Macht in Politik und Wirtschaft bedarf es ständig gesteigerter prognostischer Fähigkeiten über mögliche Auswirkungen, wenn zu erwarten ist, daß mit einer wissenschaftlich-technischen Neuentwicklung Hunderttausende, Millionen oder gar Milliarden Menschen mehr oder weniger gleichzeitig das gleiche tun. Autoabgase zum Beispiel sind völlig harmlos, solange Autos selten sind, Fluorchlorkohlenwasserstoffe sind rundum ein Segen, wenn nur wenig davon in die Hochatmosphäre dringt.

Wenn zu Recht Technikfolgenabschätzung gefordert wird, so muß sie sich vor allem darauf beziehen, der Wissenschaft abzufordern, ihre Fantasie und Explorationskraft dafür einzusetzen, so früh wie möglich und so wachsam wie nötig vorauszudenken und mitzuverfolgen, was längerfristig an erhofften wie an unerwünschten Folgen entstehen könnte (und wie die einen zu fördern und die anderen zu vemeiden sind). So verstanden wird Technikfolgenbewertung nicht zur staatlichen Zensur-Agentur gegen beargwöhnte wissenschaftliche Forschung. Als solche wäre sie bei uns nicht nur verfassungswidrig, sondern, indem sie die Entdeckungs- und Innovationsfähigkeit von Wissenschaft und Wirtschaft lähmte, auch eine Gefahr für unsere Gesellschaften, die Wissen, auch neues Wissen, gerade deshalb so nötig haben, weil politische Macht zu handeln gezwungen ist.

Wenn sich die Wissenschaft aber verweigert oder wenn sie daran gehindert wird, ihren Beitrag zu leisten, wäre die Politik gezwungen, aus dem Stand des Unwissens heraus zu handeln, was größere Gefahren bedingt und gewiß nicht das Ziel der gemeinsamen Bemühungen sein kann. Technikfolgenabschätzung bedeutet vielmehr vernünftige Anwendung kritischer Wissenschaft auf die Ergebnisse der Wissenschaft und ihrer technologischen Folgewirkungen selbst. Eine solche kritische Selbsterforschung der Wissenschaft und ihrer Folgen kann niemals als forschungsfeindlich mißverstanden werden, selbst wenn der eine oder andere Forscher es manchmal als lästig empfinden mag, daß ein anderer Forscher sein Vorhaben wie ein Insekt behandelt, indem er es mit der spitzen Pinzette seiner Fachmethodik anfaßt, es unter die kritische Lupe nimmt, mit der Nadel einer eindringlichen Analyse aufspießt und am Ende gar in einem Publikationsorgan zur öffentlichen Besichtigung zur Schau stellt. Es sind gerade diese selbstreflexiven, das eigene Tun durchleuchtenden Fähigkeiten von Wissenschaft und Forschung, die sie zugleich nützlich wie überhaupt erst in ihren Folgewirkungen für die Gesellschaft erträglich machen.

Freiheit, Verantwortung, Öffentlichkeit

Bei alledem kann Wissen immer nur dann politische wie wirtschaftliche Macht in verantwortbarer Weise unterstützen und auch ermöglichen, wenn sie sich nicht als Geheimwissen privilegierter Eliten, sondern als öffentliches Gemeingut der menschlichen Gemeinschaft versteht und wenn sich die Macht dabei moralischen Imperativen zur Rechtfertigung ihrer Ziele unterwirft. Ihre Funktion als kritische Betrachterin ihres eigenen Tuns würde der Wissenschaft allerdings unmöglich gemacht ohne die Freiheit und Autonomie bei der Verfolgung ihrer wissenschaftlichen Ziele. Auch die breite Öffentlichkeit, die auf die innovativen Leistungen von Forschung und Wissenschaft zählt und sie dennoch zugleich auch fürchtet, weil man sie ja nicht in allen ihren Auswirkungen vorhersehen kann, sie kann der Wissenschaft nur vertrauen, wenn Forschung und Forscher sich auf ihre Freiheit von einseitiger wirtschaftlicher oder politischer Inanspruchnahme und auf die Redlichkeit ihres erkenntnissuchenden Bemühens verlassen können. Denn kein Forscher kann alles selbst nachprüfen, was er als Erkenntnis behauptet: Auch Forscher müssen einander vertrauen können, um der Gesellschaft nützlich zu sein.

Daß es in diesem Zusammenhang gelegentlich Zweifel gibt, ändert nichts an der Richtigkeit dieser Feststellung. Es beweist nur, daß auch die Wissenschaft wie jede menschliche Institution durch menschliche Schwäche und moralisches Versagen der in ihr Tätigen bedroht ist. Freiheit, Verantwortung und Öffentlichkeit für kritische Bewertung von außen gehören daher für die Wissen schaffende Wissenschaft untrennbar zusammen, vor allem soweit es sich dabei um die Grundlagenforschung handelt (während man die Anwendungsprozesse der wissenschaftlichen Erkenntnisse selbstverständlich dem rechtlich klar eingegrenzten Patentschutz zur wirtschaftlichen Nutzung unterstellen kann).

Die Wissenschaft kann der Macht, dem Staat, der Gesellschaft also nur dadurch zu Diensten sein, daß sie ihnen nicht beliebig zu Willen ist: Gerade die politische Macht braucht zur Erfüllung ihres demokratisch legitimierten Regierungsauftrags eine nur der Suche nach zuverlässiger Erkenntnis verpflichtete und darin unabhängige Wissenschaft. Durch ihren Autonomieanspruch entzieht sie sich also nicht etwa ihrer Verpflichtung zum Dienst an der Gesellschaft, die für ihren Aufwand aufkommt, sie kann dieser Verpflichtung eigentlich erst durch und in dieser Unabhängigkeit gerecht werden — wenn und solange sie nach Kräften bemüht ist, ihren Auftrag zur Erkenntnissuche so erfolgreich wie nur möglich zu erfüllen. Ihr Freiheitsanspruch macht sie also doppelt leistungspflichtig! Wollte die Macht eine andere Wissenschaft, eine, die ihr nach dem Munde und Interesse redet, so würde sie nicht nur die Bürger, sondern sich selbst belügen. Auf den kurzen Beinen solcher Lügen kämen aber beide nicht weit.

Der lebensnotwendige Anspruch von Wissenschaft und Forschung auf selbstbestimmende Freiheit und Selbstverantwortung, den unsere Verfassung formal und den Bund und Länder durch finanzielle Zuwendungen auch material garantieren, gibt einen weiteren Anlaß zum Nachdenken über das Verhältnis von Wissen und Macht, von Wissenschaft und Politik. Sind es doch die vom Souverän mit gesetzgebender Macht beauftragten Parlamente, also die in ihnen wirkenden politischen Kräfte, die — gemeinsam mit den Gerichten — dafür zu sorgen haben, daß auch die Freiheitsansprüche von Wissenschaft und Forschung ihre Grenzen dort finden, wo andere grundgesetzlich garantierte Rechte berührt werden.

Grenzen der Forschung, Grenzen der Macht

Interessanterweise ist auch diese Grenzziehung, die die Wissenschaft für ihr Forschen hinzunehmen und in ihrem Forschen zu beachten hat, selbst wieder ein durchaus wissenschaftliches, in diesem Fall vor allem ein verfassungsrechtswissenschaftliches Problem. Denn die Garantie der Freiheit von Forschung und wissenschaftlicher Lehre durch Art. 5 Abs. 3 unseres Grundgesetzes verbietet es auch dem Gesetzgeber, in freier Willkür der Forschung Schranken zu setzen, wo es eine ängstlich gestimmte Öffentlichkeit oder ideologisch festgelegte Überzeugungen vielleicht für wünschenswert hielten. Es bedarf dafür schon der sehr rationalen, der argumentativ überzeugend begründeten Abwägung konfligierender Rechte, um eine Einschränkung der Forschungsfreiheit verfassungsgemäß zu rechtfertigen. Insofern ist nicht jeder moralisch argumentierende Anspruch auf Einschränkung von wissenschaftlicher Forschung schon allein deshalb gerechtfertigt, weil er sich auf absolut gesetzte, hohe Moralgrundsätze beruft. Aber genauso unbestritten muß gelten, daß die Forschung und die Forscher nicht allein unter Berufung auf ihr vermeintlich höheres Recht zur Erkenntnissuche den Anspruch auf schrankenlose Forschungsfreiheit erheben können.

Die politische Macht, als die demokratisch-parlamentarisch legitimierte Macht, hat das Recht und hat sogar die Pflicht, der Forschung dort Grenzen zu setzen, wo sie andere schutzbedürftige und schutzwürdige Rechtsgüter zu verletzen droht, ob es dabei um das Recht auf den Schutz der Privatsphäre vor Ausforschung durch neugierige Sozialwissenschaftler oder um das Recht auf Leben und Gesundheit gegenüber den Übergriffen einer ihre rechtlichen und sittlichen Grenzen mißachtenden medizinischen Forschung geht (und sei dies im einen wie im anderen Fall auch noch so nachdrücklich durch erhoffte allgemeinnützliche Erkenntnisgewinne begründet).

Die Beziehung zwischen Wissen und Macht, zwischen Wissenschaft und Politik erweist sich also in vielfältiger Weise von wechselseitiger Abhängigkeit geprägt, obwohl beide Bereiche menschlichen Handelns zugleich ihre Unabhängigkeit zur Erfüllung ihrer jeweiligen Eigenverantwortung wahren müssen. Die Macht braucht das Wissen, sonst läuft sie Gefahr, blindlings selbst in bester Absicht das Falsche zu tun; die Macht kann die gestaltenden und voraussehenden Kräfte des Wissens allerdings auch zu bösen Zwecken mißbrauchen, weshalb sie der ständigen Kontrolle durch kritische Öffentlichkeit und demokratisch-normative Begrenzung ihrer Machtmittel genauso wie der ethischen Prinzipien bedarf.

Die Wissenschaft kann ihrerseits weder ohne den Schutz ihrer Freiheit durch das Gesetz noch ohne die materiale Garantie ihrer Freiheit durch staatliche wie privatwirtschaftliche Unterstützung gedeihen; sie braucht die Macht — die staatliche wie die wirtschaftliche — genauso, wie diese sie brauchen; andererseits muß es die Wissenschaft hinnehmen, daß auch ihre Ansprüche nicht grenzenlos erfüllt werden können — weder in normativer noch in finanzieller Hinsicht — und daß sie sich daher dem politischen Mehrheitswillen der Gesellschaft, in der sie existiert, fügen muß, da sie schließlich auch erwartet, daß die gleiche Gesellschaft sie durch entgegengebrachtes Vertrauen und gewährte Mittel unterstützt. Nicht anders als für die politische Macht gilt für sie, daß auch Wissenschaft und Forschung nur dann verantwortlich handeln, wenn sie ihr Handeln nach moralischen Prinzipien ausrichten, die sie zwar erforschen, über die sie aber nicht beliebig verfügen können.

Wir Deutschen können uns glücklich schätzen, daß die grundgesetzliche Garantie der Forschungsfreiheit, verbunden mit der ebenfalls grundgesetzlich festgelegten föderalen Struktur unseres Staates und dem dadurch auferlegten Zwang des Zusammenwirkens von Ländern und Bund bei der Förderung von Wissenschaft und Forschung das schwierige wechselseitige Abhängigkeitsverhältnis zwischen Wissen und Macht in fast mustergültiger Weise ins Gleichgewicht gebracht hat. Der Respekt der Politik vor Rechten und Pflichten der Autonomie und Selbstverwaltung der Wissenschaft und der Respekt der Wissenschaft vor den Vorrechten und Pflichten der demokratisch legitimierten Träger politischer Macht in unserem Land sind — ungeachtet aller gelegentlich unvermeidlichen und überwiegend sogar nützlichen Reibungen zwischen beiden Sphären — ein sicherer Garant dafür, daß Wissenschaft wie Politik gleichermaßen dazu imstande sind, ihre Kräfte zum Wohle des ganzen Gemeinwesens zur Entfaltung zu bringen.

Es bleibt zu hoffen und bleibt Auftrag, dafür zu arbeiten, daß dieses Prinzip des Zusammen- wie Gegeneinanderwirkens von Wissenschaft, Staat und Wirtschaft, von Wissen und Macht, auch im vereinten Europa erhalten bleibt und übernational nachdrücklicher als bisher zur Geltung kommt.

WISSENSCHAFT UND ÖFFENTLICHKEIT
Kritik der Forschung und kritische Forschung

Wissenschaft braucht die Öffentlichkeit wie die Luft zum Atmen. Nicht nur, daß jede Forschung davon lebt, daß die Forscher im ständigen, weltweiten, für jedermann offenen Austausch ihrer Ideen und Ergebnisse konkurrieren und kooperieren und sich dadurch gegenseitig helfen und anspornen. Die Forschung darf auch aus ganz anderem Grund das Licht der Öffentlichkeit nicht scheuen, sie muß es im Gegenteil sogar suchen: benötigt sie doch, um produktiv sein zu können, die öffentliche Unterstützung, ganz handfest in Form von öffentlichen Mitteln, aber darüber hinaus, noch wichtiger fast, als öffentliches Verständnis für und Vertrauen in ihre Leistungen und Ziele.

Wenn wir Wissenschaft und Forschung ganz maßgeblich wirtschaftlichen, sozialen, kulturellen Fortschritt verdanken und wenn uns solcher Fortschritt zu unentbehrlichen Mitteln, ja geradezu zur Droge unseres Daseins geworden ist, von der wir abhängig geworden sind, dann kann sich die wissenschaftliche Forschung nicht in ein hermetisch für andere verschlossenes Privatreich zurückziehen oder allenfalls noch der Fachwelt öffentlichen Zugang gewähren, sie muß das, was sie denkt und sucht und tut, für alle öffentlich sichtbar und verständlich machen, sie muß die Öffentlichkeit umfassend informieren und dadurch um ihr Vertrauen werben.

Wissenschaft *braucht* Öffentlichkeit — Presse *ist* Öffentlichkeit, Presse nicht nur in ihren klassischen gedruckten Erzeugnissen, sondern im weitesten Sinn in allen Medien, derer sich die öffentliche Kommunikation heute bedient (und die sie übrigens ganz maßgeblich dem Forschungsfortschritt der Wissenschaften verdankt!). Deshalb muß die Beziehung zwischen der Wissenschaft und den öffentlichen Medien besonders eng sein, deshalb kann sie allerdings auch keineswegs immer spannungsfrei sein. Denn die Presse befaßt sich mit der Wissenschaft nicht vornehmlich als Selbstzweck, in Ausübung ihrer Informationspflicht — das tut allenfalls die Fachpresse —, sie befaßt sich mit Wissenschaft und Forschung als maßgeblichen Triebfedern gesellschaftlicher Veränderung. Sie will wissen, sie muß berichten, was der Fortschritt ist, der dadurch bewirkt wird und dessen Folgen alle, die ganze Öffentlichkeit betreffen werden, was er hervorbringen oder beseitigen wird und was er besser hervorbringen, beseitigen oder unterlassen sollte.

Mit anderen Worten, die Medien der Öffentlichkeit müssen sich nicht nur informativ, sondern kritisch mit dem wissenschaftlichen Fortschritt und unserer Abhängigkeit von ihm befassen. Wie sollte es dabei nicht immer wieder zu einem Rollenkonflikt zwischen Wissenschaft und Journalismus kommen?

Man kann dies auf die Frage verkürzen, warum Journalisten und Wissenschaftler es sich manchmal gegenseitig unnötig schwermachen, und wird zu der Schlußfolgerung kommen, daß dies so nötig ist.

Eigentlich müßten sich Journalisten und Wissenschaftler besonders gut verstehen, weil sie so vieles gemeinsam haben oder doch gemeinsam haben sollten. Das gilt nicht nur für jene Journalisten, die ihre Nähe zu den wissenschaftlichen Partnern dadurch zum Ausdruck bringen, daß sie sich stolz als Wissenschaftsjournalisten bezeichnen, und für jene Wissenschaftler, die sich nicht scheuen, ihre vermeintlich ewigen Wahrheiten dem vergänglichsten aller Medien, dem umweltfreundlich fast schon beim Lesen zerfallenden oder doch, kaum gelesen, mannigfach weiterverwertbaren Zeitungspapier anzuvertrauen. Aber nicht nur diese Außenseiter ihres jeweiligen Metiers haben viel gemeinsam. Wesentliche Voraussetzungen ihrer Berufsausübung stimmen eigentlich ganz allgemein für alle, jedenfalls für alle guten Journalisten wie für alle, jedenfalls alle guten Wissenschaftler überein. Man muß dies etwas ausführlicher erläutern, um dann aus dem Verständnis für die Gemeinsamkeiten die nicht weniger markanten Unterschiede der Aufgaben und Rollen von Journalisten und Wissenschaftlern besser begreiflich zu machen.

Der Drang nach Wissen

Journalisten wie Wissenschaftler möchten immer alles *ganz genau* wissen, oder sie sollten dies jedenfalls wollen, um dem ersten Gebot ihrer gemeinsamen Standesethik zu folgen, das lauten könnte: „Du sollst die Wahrheit suchen und sagen, und zwar sollst du sie am besten in den Tatsachen suchen." Nun haben sie diese professionelle Neigung, nach Wissen zu suchen und dazu den Dingen auf den Grund zu gehen, scheinbar mit allen Angehörigen unserer Spezies gemeinsam, für die schon Aristoteles diese Eigenschaft mit dem Eingangssatz seiner „Metaphysik" geradezu zum Artkennzeichen erhoben hat: „Alle Menschen haben von Natur aus ein Verlangen nach Wissen. Ein Zeichen dessen ist die Freude an den Sinneswahrnehmungen, denn man freut sich an denselben, vom Nutzen abgesehen, um ihrer selbst willen, und unter allen am meisten an der Wahrnehmung durch die Augen."
Aber während jeder Mann und jede Frau es leicht bei diesem Wissen aus neugieriger Betrachtungsfreude bewenden lassen und meist alles, was sie wahrnehmen, auch schon für tatsächlich wahr halten, haben sich Jour-

nalisten wie Wissenschaftler sozusagen von Berufs wegen dazu verpflichtet, einen Sachverhalt nicht nur nach dem ersten Augenschein zu beurteilen, sondern es eben *ganz genau* wissen zu wollen. Das heißt: Beide wollen und dürfen eine Behauptung erst dann für wahr halten oder als wahr hinstellen, wenn sie diese auf ihren tatsächlichen Wahrheitsgehalt überprüft haben. Deshalb habe ich es als die hervorstechendste Gemeinsamkeit zwischen beiden bezeichnet, daß man sie als jene Subspezies des von Natur aus ausnahmslos wißbegierigen Homo sapiens klassifizieren kann, die immer alles ganz genau wissen will, weil sie nicht alles glaubt, was andere zu wissen meinen. Diese Subspezies heißt daher auch Homo sapiens investigans, die journalistischen oder wissenschaftlichen Recherchierbolde: In ihrer Freude am Forschen und Nachforschen sind sie sich am ähnlichsten.

Der Zwang zum Zweifel

Dies hat nun zur Folge, daß beide geradezu konstitutionell jedenfalls aber konfessionell zum Zweifel neigen, gerade weil sie es eben immer genauer wissen wollen als andere. Während beliebige Leute in der Regel damit zufrieden sind, wenn sie nur irgend etwas irgendwie wissen, und detaillierte Aufklärung oft genug mit dem Spruch abwehren, so genau hätten sie es gar nicht wissen wollen, plagt Wissenschaftler wie Journalisten sofort der berufshabituelle Zweifel, wenn ihnen etwas als tatsächlich wahr hingestellt wird. Sie glauben einfach nicht alles, was man ihnen sagt, ja sie dürfen es nicht, wenn sie das Salz in ihrer Suppe wert sein wollen. Besonders schön kommt dies in einem Justus Liebig zugeschriebenen Satz zum Ausdruck, der von sich sagte, ihm fiele selten etwas Gutes ein, jedoch wenn er die Behauptung eines anderen höre, fiele ihm sofort etwas Besseres ein.

Es zeichnet den einfallsreichen Entdecker geradezu aus, daß er an den Ecken und Kanten der besonders rund erscheinenden Fakten Anstoß zu nehmen weiß, denn die Erkenntnis wächst immer nur an den Ausnahmen über die akzeptierten Regeln hinaus. Auf den Anlaß zur unaufhörlichen inner- und außerwissenschaftlichen Auseinandersetzung, der davon ausgeht, daß der eine Forscher seine Theorie so überzeugend einwand-frei abgerundet wie möglich darzustellen sucht, während sein nächster Kollege — diese Inkarnation teuflisch geschürten Mißtrauens — sogleich alles zu unternehmen versucht, um das mühsam aus Gedanken und Daten zusammengefügte Gebäude zum Einstürzen zu bringen, ist allerdings hinzuweisen. Wissenschaftler sind untereinander immer zum Widerspruch aufgelegt, gerade weil sie die Widersprüche in ihren Gedankengebäuden erkennen und beseitigen sollen. In der Übereinstimmung kann die Erkenntnis nur auf der Stelle treten, sie wächst immer nur in der Auseinandersetzung.

Das Wesen der Kritik

Dies alles hat nun wiederum zur Folge, daß guter Journalismus wie auch gute Wissenschaft entweder kritisch sind oder den Grund ihrer ganzen Existenz verlieren, vor allem aber die Vertrauenswürdigkeit gegenüber dem Publikum, von welchem Kapital sie schließlich die Zinsen ihrer beruflichen Erfolge zu ernten wünschen. Immer kritisieren zu müssen macht sie manchmal zu etwas unerfreulichen, weil regelmäßig unverträglichen Zeitgenossen. Ihre Lust zur Kritik wird dabei allzu leicht mit egoistischem Konkurrentenhader, wenn nicht gar blankem Futterneid verwechselt (die selbstverständlich auch nicht gar so selten sind). Aber dann muß man doch anfügen, daß die Kritik, selbst in manchmal boshaft-hämischer Form, eines der vorzüglichsten Mittel der Kooperation unter Intellektuellen, gleich welcher Branche, ist: sie weist dem Irrenden den Weg auf den rechten Pfad und bestätigt den, der ihr widersteht, weil er recht hat, in seinem Selbstbewußtsein. Nur Unbedeutendes wird nicht kritisiert, und süß ist es, den Kritiker zum Widerruf genötigt zu sehen. Selbst wenn Kritiker kritisieren, was sie gar nicht verstehen — auch das soll ja gelegentlich vorkommen —, so kritisieren sie dabei doch im hoffentlich häufigeren Fall, damit sie und bis sie verstehen, was ihnen vorher kritikwürdig unverständlich erschien, denn sie wollen's ja ganz genau wissen, um es auch anderen erklären zu können; und das gelingt eben nur, wenn man es zuerst selbst verstanden hat. Dem Forscher wird dies überaus deutlich, wenn er, was er an Wissenswertem erforscht hat, durch Lehre weiterzugeben sucht. Deshalb wird Forschung dadurch besser, daß sie mit Lehre — und zwar auf eben dem Gebiet des Selbsterforschten — verbunden bleibt, weil sich die Forschung zum Lehren notwendigerweise selbst auf den Prüfstand der überzeugenden Verständlichkeit stellen muß.

Die Tatsache, daß Journalisten wie Wissenschaftler immer kritisch sein müssen, heißt nun allerdings noch lange nicht, daß sie diesen character indelibilis an ihren Kollegen oder gegenseitig zu schätzen wissen. Im Gegenteil, je kritischer einer ist, um so weniger meint er oft selbst Kritik wie Selbstkritik nötig zu haben — hat er sein Soll an Kritik doch bereits im Kritisieren der anderen erfüllt.

Gerade kritische Wissenschaftler geraten daher leicht in Zorn, wenn Journalisten die Sonde des Zweifels auf ihre Behauptungen richten. Sie erwarten nämlich von sogenannten kritischen Journalisten nichts so sehr wie die öffentliche Zustimmung; sie suchen den journalistischen Partner als Ansehensverstärker und Zustimmungsmultiplikator. Andererseits bedienen sich in genau symmetrischer Weise manche Journalisten der wissenschaftlichen Kronzeugen für ihre eigenen Überzeugungen und sehen es gar nicht gern, wenn ein befragter Wissenschaftler zu abweichenden Schlußfolgerungen kommt: Sie suchen in ihm den Ansichtsverstärker. Dies ist der erste Grund der unvermeidlichen Mißverständnisse zwischen den beiden Bereichen: Sie sind sich zu ähnlich, um sich nicht immer wieder zu stören!

Nun ist es allerdings nicht zu bestreiten, daß das Kritiküben für manche Journalisten wie Wissenschaftler anstatt eines unentbehrlichen Mittels ihrer Berufsausübung zum Selbstzweck entartet, dem sie, im Leerlauf gefangen, wie Goldhamster im Laufrad nachjagen. Es ist dann nur folgerichtig, wenn sie diese Leerlaufaktivitäten in erhellender Tautologie als „kritischen Journalismus" oder als „kritische Wissenschaft" bezeichnen, als könnte es unkritische Spielarten geben, die sich nicht eben dadurch sofort als Nicht-Journalismus und Nicht-Wissenschaft entlarvten.

Tatsächlich heißt Kritikfähigkeit nichts anderes als Unterscheidungsvermögen — nämlich die Urteilskraft, zwischen richtig und unzutreffend zu unterscheiden, also die allererste Voraussetzung jeder journalistischen wie wissenschaftlichen Berufsausübung zu beherrschen. Mit der proklamierten „kritischen Wissenschaft" und dem reklamierten „kritischen Journalismus" scheint es sich daher genauso wie mit der „Volksdemokratie" zu verhalten: Sie stellen allesamt die Logik der Sprache auf den Kopf, indem sie durch doppelte Bejahung tatsächlich verneinen. Der rhetorische Trick soll jenen, die ihr Handwerk nur einfach nach den guten Standards der Profession ausüben, durch Entzug des usurpierten Beiworts die Glaubwürdigkeit absprechen; aber unter dem Mantel der doppelt beanspruchten Heiligkeit schaut nur zu deutlich der eine Bocksfuß hervor. Andererseits sind Leerlaufkritiker der Wissenschaft wie des Journalismus wahrscheinlich nur der Preis, den wir dafür zu zahlen haben, daß jede Erziehung zu beiden Professionen notwendigerweise ständige Kritikfähigkeit und Kritikbereitschaft, auch gegenüber sich selbst, einüben muß; daß manche dabei verabsolutierend über das Ziel hinausschießen, widerspricht der angemessenen Ausübung des Kritikvermögens so wenig, wie die Anorexie der Mäßigkeit in der Nahrungsaufnahme oder der Zölibat der Vorzüglichkeit des Ehestandes.

Öffentlichkeit durch Veröffentlichung

Eine weitere Wesensgemeinschaft zwischen Journalisten und Wissenschaftlern betrifft ihren Mitteilungsdrang. Zwar gibt es unter den einen wie den anderen gewiß auch jene (bei den Wissenschaftlern bestimmt viel häufiger als bei den Journalisten), die ihre Mühe damit haben, was ihnen klargeworden ist, auch klar zu sagen, und manche leiden sogar überhaupt schwer an ihren Hemmungen, sich dem Papier anzuvertrauen. Aber daß uns dies als besorgniserregend, irregulär, ja geradezu behandlungsbedürftig erscheint, bestätigt in der Ausnahme die Regel übersprudelnden Mitteilungsbedürfnisses unserer Investigatoren und Rerchercheure. Nicht nur, weil sie als nahrungsbedürftige Kreaturen von der Schreibhand in den Mund leben müssen (wobei sie das Zeilenhonorar genauso bei der Arbeit hält wie der Getreidekörner spendende Futterautomat die Tauben in einer Skinnerbox), sondern vor allem, weil jeder Journalist wie fast jeder Wissenschaftler im Grunde des Herzens ein Volkserzieher ist, einer oder eine, die es deswegen genau wissen wollen, damit andere daran teilhaben können, die sich durch kritische Untersuchung der Fakten urteilsfähig machen wollen, damit sie andere — das lesende, das belesene Publikum — dadurch urteilsfähiger machen. Zwar hat sich Immanuel Kant in einer Fußnote zum „Mutmaßlichen Anfang der Menschengeschichte" 1786 wenig schmeichelhaft über den Mitteilungsdrang des Menschen geäußert, indem er feststellte: „Der Trieb, sich mitzuteilen, muß den Menschen, der noch allein ist, gegen lebende Wesen außer ihm ... zuerst zur Kundmachung seiner Existenz bewogen haben. Eine ähnliche Wirkung dieses Triebs sieht man auch noch an Kindern und an gedankenlosen Leuten, die durch Schnarren, Schreien, Pfeifen, Singen oder lärmende Unterhaltungen (oft auch dergleichen Andachten) den denkenden Teil des gemeinen Wesens stören. Denn ich sehe keinen anderen Bewegungsgrund hierzu, als daß sie ihre Existenz weit und breit um sich kundmachen wollen." Unbestreitbar: Es gibt Wissenschaftler, und es gibt gewiß auch den einen oder anderen Journalisten, die diesen edlen Naturzustand noch nicht ganz verlassen haben. Aber — und so fährt auch Kant in seinen diesbezüglichen Überlegungen fort — mit fortschreitender Entfaltung der deklarativen Funktionen der Sprache und des begrifflichen Denkens wird aus dem Ausdruck schierer Daseinsbekundung, der sich reflexiv im bloßen Sich-gedruckt-sehen-Wollen äußert, die belehrende Wissensverkündigung.

Obwohl die jüngsten Ergebnisse der Freilandschimpansenforscher die anthropozentrische Vorstellung, einzig der Mensch verfüge über den pädagogischen Eros, seine Nachkommenschaft durch Unterricht auf das Leben vorzubereiten, überwunden hat, da auch Schimpansenmütter den Kleinen gezielt das Nüsseknacken beibringen können, bleibt doch nicht zu bezweifeln, daß der Mensch, will er denn wirklich Homo sapiens sein, sowohl ein Homo investigans als auch ein Homo docens sein muß, und zwar indem er sich als Homo loquens oder scribens des Denkens, Glaubens, Wissens und Wollens von seinesgleichen bemächtigt. Diesem belehrenden Mitteilungsdrang, der proportional zum Drang nach journalistischer oder scientistischer Wahrheitssuche anzuwachsen scheint, entspricht nun reflexiv der sehnliche Wunsch, nicht nur gedruckt, sondern gelesen, zitiert, zur Kenntnis genommen, meinetwegen auch kritisiert und verrissen, aber unter keinen Umständen übersehen und nicht beachtet zu werden, der Alptraum der wissenschaftlichen wie journalistischen Skribentenzunft, fast mehr noch als der ihrer Verleger.

Für Journalisten scheint dabei im Vordergrund zu stehen, daß sie mit dem, was sie mitzuteilen haben, auch etwas bewirken wollen: Verständnis wollen sie wecken, zum Handeln wollen sie bewegen, Mitgefühl, Begeisterung oder Abscheu wollen sie erregen. Ich wüßte nicht, wie anders als durch dieses beständige Wirkenwollen und Mitteilenmüssen von weltweit Abertausenden mehr oder weniger pflichteifrig recherchierenden, analysierenden, kommentierenden, kritisierenden und meinetwegen auch gelegentlich bramarbasierenden oder revoltierenden Journalisten aus steuerzahlenden Einwohnern eines Gemeinwesens tatsächlich politisch urteilsfähige Staatsbürger werden könnten. Nicht, weil sie ihre wöchentliche Ration an politischer Ratio in Form bedruckten Papiers oder flimmernder 30-Sekunden-Statements eingetrichtert erhalten müssen, damit sie wissen können, was sie wissen müssen. Sondern,

weil allein durch die mündliche oder schriftliche Äuße-
rung begründeter oder jedenfalls begründungspflichti-
ger Behauptungen und Meinungen durch erfahrene,
vertrauenswürdige Investigatoren unserer Wirklichkeit, die laufend von ihresgleichen auf handwerkliche
Sauberkeit ihres Tuns überwacht werden, weil allein
durch dieses Gewirr sich frei äußernder Stimmen in denen, die sie hören und lesen, jene Prozesse der eigenen
Urteilsbildung, des eigenen Besser-verstehen-Wollens,
des eigenen Ganz-genau-wissen-Wollens in Gang gesetzt werden können, die aus Leuten Bürger und aus einer Bevölkerung ein zum Gemeinschaftswillen fähiges
Volk machen.

Im Vergleich zu diesem Wirkensauftrag aus ihrem Wis-
senssuchauftrag der Journalisten sind die meisten Wissenschaftler — die Ausnahmen bestätigen die Regel —
trotz ihrer Selbstverpflichtung zum Streben nach zuverlässiger Erkenntnis, trotz ihres für das erfolgreiche
Zusammenwirken der wissenschaftlichen Gemeinschaft bei der genauen, streitigen Erkenntnissuche kon-
stitutiven Mitteilungs- und Veröffentlichungszwangs
sehr viel weniger auf direkte Einwirkung aufs breite
Publikum bedacht, obgleich sie sehr wohl nach seiner
Anerkennung lechzen. Das ist es wohl, was man ihnen
oft als typisch eierköpfige Elfenbeinturmigkeit (die
Edelform der Engstirnigkeit) vorwirft, ihre Freude am
immer genaueren Anschauen und Beschreiben dessen,
was ist, so als hätten sie vom aristotelischen Naturdrang
zum Wissen nur die immer weiter verfeinerte und bis in
extreme Esoterik geistiger Schaulust vorangetriebene
Wahrnehmungsfreude der Sinne vervollkommnet und
dabei mehr und mehr den Sinn aus den begierig schau-
enden Augen verloren, der doch aus den Sinnesein-
drücken erst wirkliches, zum Urteilsvermögen befähi-
gendes Wissen macht.

Ein Journalist, der nicht an das breite Publikum denkt, gewiß nicht beliebig breit, aber doch so breit wie die Reichweite des behandelten Themas zu ergreifen erlaubt, wäre gewiß ein schlechter Journalist. Ein Wissenschaftler muß sich zwar nicht weniger Mühe geben, seine Erkenntnisse mitzuteilen, sie verständlich zu machen, aber es ist nicht zu bestreiten, daß er ein ganz hervorragender Wissenschaftler sein kann, obwohl er sich mit seinen Erkenntnissen nur an ganz wenige wendet, und selbst diese wenigen schlimmstenfalls vielleicht noch nicht einmal zu eigenen Lebzeiten erreicht. Mitteilen muß er sich, zu verschweigen oder zu verbergen, was er erforscht — selbst im Fall erkennbar gefährlich bedrohlicher Erkenntnisse —, würde sein wissenschaftliches Wirken zunichte machen, aber seine Bedeutung als Wissenschaftler hängt keineswegs notwendigerweise von der Breite seines Publikumserfolgs oder gar von seiner Öffentlichkeitswirkung ab.

Der Rollenkonflikt zwischen Wissenschaft und Journalismus

Damit stoßen wir, während wir noch die Wesensgemeinsamkeit von Journalisten und Wissenschaftlern in ihrem Zwang zur freien, öffentlichen Mitteilung ihrer Arbeitsergebnisse betonen, zugleich auf einen gravierenden Unterschied: Der Journalist *muß* danach streben, in die breite Öffentlichkeit zu wirken, er ist ein Vermittler von Wissen; der Wissenschaftler *kann,* wenn es sein Forschungsgegenstand erlaubt und wenn er das Talent dafür besitzt, in die breite Öffentlichkeit wirken; er kann und darf sich aber durchaus auch auf die Mitteilung gegenüber der engsten Fachgemeinschaft beschränken, ohne daß er deshalb als Wissenschaftler versagt; deswegen braucht er häufig zur Verbindung zur breiten Öffentlichkeit einen befähigten Mittler — und dies ist in aller Regel der wissenschaftskundige Journalist, der nicht selbst wissenschaftlich forscht, der journalistisch erforscht, sprich recherchiert: was der Forscher forscht, warum er es tut, was er dabei erkannt hat und warum er andere Fragen nicht beachtet oder gar übersieht.

Indem der tüchtige Wissenschaftsjournalist also nicht nur die Ergebnisse des Forschens der Wissenschaftler zum Gegenstand seines Erkundens und Berichtens macht — gewiß eine wichtige und ehrenwerte Aufgabe, deren Erfüllung uns Wissenschaftler mit Dank erfüllen muß —, sondern indem er das Forschen selbst, seine Antriebskräfte, seine Praxis, seine Glanztaten wie seine Mißstände, indem er die ganze Gemeinschaft der Forscher, das von ihnen selbst erbaute und aufrechterhaltene System des Forschens und seine ideellen und finanziellen Quellen analysiert, wird er nicht nur zum Mittler der Wissenschaft gegenüber der breiten Öffentlichkeit, die ein Anrecht auf diese Wissensvermittlung hat, da sie schließlich teuer genug dafür zahlt, daß dieses Wissen erforscht werden kann; er wird zugleich zum wachsamen Betrachter und Begutachter der Wissenschaft selbst und zu einem im öffentlichen Aufklärungsauftrag tätigen Sachwalter allgemein gesellschaftlicher Interessen gegenüber der Wissenschaft. Und damit kommen wir notwendigerweise ans Ende der schönen Gemeinsamkeiten zwischen Journalisten und Wissenschaftlern und zur Wurzel der Mißverständnisse und Mißverhältnisse, die beide im Umgang miteinander plagen könne.

Dabei rede ich nicht von den Irritationen, die daraus entstehen können, daß Journalisten Mißstände im Wissenschaftssystem oder Verfehlungen von Wissenschaftlern aufdecken oder daß sich Wissenschaftler darüber ärgern müssen, daß schlecht recherchierende oder böswillig voreingenommene oder gar unwahr berichtende Journalisten die Öffentlichkeit desinformieren, statt aufzuklären: Auf beiden Seiten handeln Menschen mit all ihrer Fähigkeit zu Schlamperei, Lüge, Bosheit, Heimtücke, Habgier und anderen herzigen Eigenschaften; also wird es beiderseits Übeltäter aller Grade geben. Kein Anlaß also, dies als Grund für schwierige Beziehungen zwischen den beiden investigativen Spezialistengruppen unserer arbeitsteiligen Gesellschaft zu betrachten, zumal sich ja der dritte investigative Berufsstand — in der Form von Polizei, Staatsanwaltschaft und Gerichten — aufgrund seines Auftrags, die gesellschaftliche Rechtsordnung zu wahren, der schlimmeren Mißstände anzunehmen hat. Für den restlichen Hausputz und die notwendige Müllabfuhr haben standesinterne Verfahren zu sorgen.

Es geht bei dem manchmal deutlich werdenden Mißverhältnis von Journalismus und Wissenschaft schon um wesentlich tiefere Gründe, die seltsamerweise ihren Ursprung durchaus in dem Rollenverständnis, den standesrechtlichen Normen und den Zielidealen haben, die, wie erläutert, Journalisten und Wissenschaftler gemeinsam haben. Die Widersprüche entspringen sozusagen der wechselseitigen konsequenten Verfolgung gemeinsamer Ziele unter Anwendung bester und häufig ebenfalls gemeinsamer beruflicher Wertestandards und Eigenschaften.

Alles hängt dabei von der Rolle der Freiheit von Forschung und Wissenschaft einerseits wie der Freiheit von Meinung und Meinungsäußerung, also der Presse, andererseits in einem freien Gemeinwesen ab und von den Konsequenzen, die gerade aus der verantwortungsvollen Ausübung dieser Freiheiten entspringen. Die

Widersprüche, die sich daraus zwischen Wissenschaft und Journalismus ergeben, sind von weit fundamentalerer Art als jene, von denen vorher die Rede war, wie sie sich unvermeidlich aus den Reibungen zwischen berufsmäßig kritischen Geistern ergeben.

Wenn es nämlich der überragende Auftrag des Journalismus ist, den Bürger in allen gesellschaftlich belangvollen Bereichen besser urteilsfähig zu machen, indem er ihn möglichst wahrheitsgetreu informiert, so hat er ihm nicht nur als Mittler wissenschaftlicher Botschaften, sozusagen als Übersetzer der esoterischen Schriften spezialisierter Gelehrter ins Allgemeinverständliche, zu dienen — ein ehrenwerter, ein schöner Auftrag, der wirklich nicht weniger preiswürdig ist als die inhaltsgetreue Übertragung literarischer Werke aus fremden Sprachen —, wobei, wieder wie im Beispiel literarischer Autoren, manche Wissenschaftler mit etwas Begabung und Bemühung durchaus einiges mehr von dieser Übersetzungsarbeit selbst zu leisten vermöchten! Gleichrangig, in mancher Hinsicht sogar vorrangig neben diese Verständnis für wissenschaftliche Erkenntnisse oder technologische Entwicklungen erschließende Aufgabe tritt jene, den interessierten Bürger über den Tätigkeitsbereich der Wissenschaft selbst wahrheitsgetreu und kritisch zu unterrichten: warum Forscher tun, was sie tun oder was sie zu tun versäumen; wie sie dabei mit anderen Forschern national und international disziplinär oder transdisziplinär zusammenarbeiten oder es an der notwendigen Kooperation zu wünschen übriglassen; was sie leisten und was diese Leistungen kosten, ob genug, zuwenig, zuviel, auf richtige Weise für die Forschung aufgewandt wird: Dies alles kann, darf, muß Journalisten — speziell Wissenschaftsjournalisten — beschäftigen; es gehört zu ihrem Auftrag, all dies ganz genau wissen zu wollen, um auch ganz genau darüber berichten zu können. Getreu ihrem Auftrag wollen und müssen sie die Tatsachen über diese und auch weitere Fragen selbst recherchieren, selbst überprüfen und nicht nur verkünden, was die Herolde von den Zinnen der Zitadellen der Wissenschaft öffentlich kundzutun belieben. Dazu gewährt und schützt nämlich die Verfassungs- und Rechtsordnung eines freiheitlich-demokratischen Gemeinwesens die Freiheit der öffentlichen Meinungsäußerung und die Freiheit der Presse, damit von ihr im Interesse aller aufklärender Gebrauch gemacht werden kann, jener Gebrauch nämlich, der die tatsächlichen Verhältnisse für jedermann sichtbar aufklärt.

Das muß Journalisten weit über ihre professionelle Zweifel- und Kritiksucht hinaus lästig machen für die, denen sich ihre Aufmerksamkeit zuwendet, lästig also auch für die Wissenschaft und ihre Adepten: die freundlichen Geister, die man so sehr zu schätzen weiß, ja die man dringend benötigt, wenn und damit sie der steuerzahlenden Öffentlichkeit die Triumphe der Forschung genauso erläutern wie die Notwendigkeit der Bereitstellung weiter gesteigerter Mittel für weiter sich steigernde Triumphe. Diese geschätzten Helfershelfer des wissenschaftlichen Erkenntnisstrebens können, wenn sie ihr ganzes journalistisches Handwerk an allen Aspekten des Wissenschafts- und Forschungsbetriebs ausüben, plötzlich zu unerwünschten Störenfrieden werden, zumal, wenn sie die Dinge von außen anders sehen und berichten, als man dies aus der Innenansicht der Wissenschaft selbst heraus wahrzunehmen gewohnt ist.

Der Preis der Freiheit

Warum ist es dennoch unvermeidlich, ja geradezu notwendig und insgesamt sogar für die Wissenschaft vorteilhaft und daher ganz richtig, daß dieses unauflösliche Spannungsverhältnis besteht? Was kann also die Wissenschaftler darüber trösten, daß ihnen die Journalisten in der Ausübung ihrer verfassungsmäßigen Freiheitsrechte durchaus lästige Fragen stellen und darüber nicht nur die mitgeteilten, sondern auch durchaus eigene Antworten veröffentlichen?

Das hängt mit der Rolle der Wissenschaft in einer freien Gesellschaft zusammen und ihrem nicht weniger verfassungsgarantierten Anspruch, ihr Forschen und Lehren im Rahmen der Rechtsordnung frei zu entfalten. Es ist nämlich die große, im geistigen Bereich fast unbeschränkte, im materiellen Bereich durch Mittelknappheit und Rechtsvorschriften begrenzte, aber durch die bereitgestellten knappen Mittel eben durchaus auch erst ermöglichte Freiheit des Wirkens von Forschung und Wissenschaft, die den Wissenschaftlern das Recht und die Macht verleiht, neue Erkenntnisse und Entdeckungen über die Welt und die Wirklichkeit, in der wir leben, und neue Erfindungen und Entwicklungen zur Bewältigung der Herausforderungen, vor die uns diese Wirklichkeit stellt, für alle verfügbar zu machen. Dies ist — wie die Vergangenheit und wie die Gegenwart nur zu deutlich beweisen — eine gewaltige Macht, und es ist zugleich eine für viele ganz unheimliche Macht, nicht nur, weil die allermeisten Menschen ihre Auswirkungen kaum oder gar nicht begreifen, sondern weil die Wissenschaft selbst nicht weiß und niemals ganz wissen kann, worauf sie sich einläßt, worauf sie mit ihrem Forschen, Entdecken, Erfinden noch alles stoßen wird, welche neuen Anwendungsentwicklungen ihres Erkenntniswerks uns noch beglücken oder bedrohen könnten.

Weil die Wissenschaft diese große Freiheit genießt, weil sie sie braucht, um überhaupt Neues erkennen und nutzbar machen zu können, und weil sie sie auch braucht, um ständig zu prüfen, was die Folgen des eigenen Wirkens sind oder sein könnten und wie wir mit ihnen verantwortlich umgehen und fertig werden können: deshalb kann sie von der Gesellschaft überhaupt nur ertragen und im mehrfachen Wortsinn ausgehalten werden, wenn diese Gesellschaft, wenn jeder Bürger, der sich darüber kundig machen will, auch die Chance erhält, sich umfassend über diesen unheimlichen Koloß Wissenschaft, über diese vieltausendköpfige Hydra der Forschung umfassend und kritisch zu informieren — und dafür dient eben im arbeitsteiligen Zivilisationszustand einer Gesellschaft die Spezialistenkaste der journalistischen Rechercheure. Wäre die Wissenschaft unwichtig, belanglos, ohne Einfluß, dann wäre sie nicht nur ganz sicher schlechter dotiert, als sie es ist, dann gäbe es auch weniger Bedürfnis öffentlicher Kontrolle dessen, was sie — im Guten erhofft, im Schlechten gefürchtet — tut. Man kann als Wissenschaftler also nicht zugleich Forschungsfreiheit, auskömmliche öffentliche Unterstützung, bestimmenden Einfluß in Fragen der Wirklichkeitserkenntnis und dann auch noch seine Ruhe vor kritischer Befragung durch Journalisten haben wollen. Der Widerspruch, die Mißverständnisse, die Spannungen zwischen beiden sich doch im Grundsätzlichen so vielfältig einigen investigativen Subspezies des industriezivilisierten Homo sapiens, sie sind also verständlich, notwendig und unvermeidlich, wenn beide wissensuchenden Berufe ihren Auftrag so gut wie möglich erfüllen sollen.

Zugleich sollte die Wissenschaft nicht unterschätzen, daß es wohl immer wieder der scharfe Blick des recherchierenden Außenseiters ist, der Mißstände im Haus der Wissenschaft sieht und benennt, an die sich die Bewohner aus Bequemlichkeit, Gewohnheit oder Feigheit gewöhnt haben; daß diese investigativen Störenfriede wohl mehr als einmal auch Fragen stellen, die man sich selbst so noch nicht gestellt hat, manchmal gewiß dumme Fragen, aber gelegentlich folgt einer munteren dummen Frage intelligenteres Nachdenken als einer schon allzu klug beschränkten Frage; und schließlich haben es Journalisten wahrscheinlich auch an sich, so wie Kinder enthüllend danach zu fragen, wo denn des wissenschaftlichen Kaisers neueste Kleider nun wirklich sind, und auch das kann der Wissenschaft guttun. Die Wissenschaftler sollten daher lernen, Journalisten ganz allgemein und Wissenschaftsjournalisten im besonderen nicht nur dann und deshalb zu lieben, weil und wenn sie ihnen die Mühe abnehmen, sich der steuerzahlenden Öffentlichkeit verständlich und unentbehrlich zu machen; sondern gerade auch dann, wenn sie ihnen als inquisitorische Plagegeister begegnen.

Zum Schluß: Bescheidene Wünsche

Wenn dies so ist, wenn der Rollenkonflikt und damit das Mißverständnis zwischen Wissenschaftlern und Journalisten gelegentlich, aber mit Sicherheit immer wieder nicht nur verständlich, sondern geradezu unvermeidlich und sogar heilsam für beide ist, so darf der Wissenschaftler, der dies so anerkennt und hinnimmt, gewiß auch ein paar Wünsche an die journalistische Zunft aussprechen.

Er wird sich wünschen dürfen, daß die Journalisten, die ihn kritisch beäugen und befragen, dies einigermaßen unvoreingenommen tun und ihr negatives genauso wenig wie ihr positives Vorurteil als Schablone benutzen, durch die sie ihn, was immer er sagt oder tut, doch immer nur als die gleiche Karikatur abbilden; er wird sich wünschen dürfen, daß sie genau und umfassend berichten und nicht aus dem, wie erläutert, notwendigerweise immer vielstimmig-widersprüchlichen Chor der wissenschaftlichen Stimmen nur jene zu Wort kommen lassen, die ihrer eigenen Meinung oder der redaktionellen Linie des Blattes oder des Senders am besten entsprechen; er wird sich wünschen dürfen, daß ihm zugestanden wird, daß er aus wohlerwogenen Gründen und bona fide zu anderen Schlußfolgerungen — zum Beispiel hinsichtlich Kernenergie, Gentechnik, Rauschdrogen, Versuchstierforschung oder Müllverbrennung — kommt, als es dem jeweils vorherrschenden Meinungsklima entspricht, ohne ihm sogleich zu unterstellen, er tue dies wider besseres Wissen als bezahlter Knecht wirtschaftlicher Interessenverbände; er wird sich wünschen dürfen, daß nicht etwa jene Stimmen aus dem Chor der Wissenschaft als einzig glaubwürdig hingestellt werden, die sich — so vereinzelt sie auch sein mögen — selbst als allein kritisch, und deswegen von der bornierten Mehrheit der Forscher mißachtet, hinstellen; und er wird sich schließlich wünschen dürfen, daß der inquisitorische Journalismus mit seinesgleichen und den ebenfalls höchst kontrollbedürftigen Konsequenzen und Erscheinungsformen seiner eigenen Macht, die genauso aus seiner großen Freiheit entspringt, nicht weniger scharfäugig und inquisitorisch umgeht als mit den Folgen und Erscheinungsformen wissenschaftlicher Macht und Freiheit.

Schließlich wird sich ein Wissenschaftler, der seine Profession liebt und versteht, vor allem aber eines wünschen: auf das, was er tut, neugierige, für das, was er tut, verständige journalistische Partner, deren Wert und Rang er schließlich höher schätzen wird, je unabhängiger, je kritischer und je kundiger sie über ihn und seine Forschungsergebnisse berichten.

FREIHEIT, DIE ICH MEINE
Die Pflicht zum Zweifel

Daß Wissenschaft und Forschung und durch sie der Fortschritt höchst eindrucksvolle Erfolge vorzuweisen haben, bezweifelt niemand. Am wenigsten sollten es jene anzweifeln, die von diesen Erfolgen leben. In einer wissenschaftlich-technischen Industriegesellschaft heißt dies: alle Bürger! Doch mit den Erfolgen wuchsen auch die Folgen, wobei Wohlstand und langes Leben nur eine, nämlich die schönere Seite dieser Ergebnisbilanz sind. Hingegen werden Überbevölkerung, Übernutzung, Überschwemmung zu furchterregenden Posten auf der dunklen Seite der Fortschrittsbilanz.

Zu den Erfolgen von Wissenschaft und Forschung und dem unerschöpflichen Erfindungsgeist, den sie beflügeln, gehört auch die Verantwortung für ihre Folgen, die guten — deren man sich immer gerne rühmt — wie die schlechten — die man allzu gern verdrängt.

Im Zusammenhang mit der Verantwortung von Wissenschaft und Forschung muß zugleich von der Freiheit der Forschung die Rede sein, denn es gibt keine Verantwortung (weder beim einzelnen noch in der organisierten Gemeinschaft) ohne die Freiheit der Entscheidung (zum Handeln oder zum Unterlassen). Deshalb sind auch Wissenschaft, Forschung und Fortschritt ohne Freiheit nicht denkbar: Nur wer die Freiheit hat, sich Fragen zu stellen, auf die es noch keine Antwort gibt, und Wege zu suchen, die eine Antwort verheißen, kann wissenschaftlich forschen. Nicht unstillbare Neugier oder Rücksichtslosigkeit der Forscher begründen ihren Freiheitsdrang bei der Erkenntnissuche, sondern die schlichte, fast triviale Tatsache, daß der nichts finden wird, der gar nicht erst suchen darf.

Diese Freiheit des Forschens umfaßt mehrere, sehr verschiedene Aspekte, und jeder Aspekt der Freiheit geht mit einem nicht davon abzutrennenden Aspekt der Verantwortung einher:

Das beginnt bei der Freiheit der Wahl des Forschungsgegenstandes, bei der es sich nicht im eigentlichen Sinne allein um eine wissenschaftliche Frage handelt: Wissenschaftlich begründet ist daran allenfalls die Feststellung, ob es um ein offenes, beantwortbares und erkenntnisträchtiges Problem geht. Ob es hingegen auch unter ethischen wie unter ökonomischen Gesichtspunkten untersuchungswürdig ist, bleibt nach Wertmaßstäben zu prüfen und zu entscheiden, die nicht unbedingt wissenschaftlich sind.

Die Freiheit der Methodenwahl ist dagegen weitestgehend nach wissenschaftlichen Maßstäben zu begründen und somit konstitutiv für Forschungsfreiheit. Sie findet ihre Beschränkung dort, wo Forschungsmethoden Rechte anderer oder das Sittengesetz verletzen. Dies gilt es vor allem bei der Forschung am Menschen zu bedenken, genauso aber auch beim forschenden Umgang mit anderen Lebewesen oder mit Objekten der Kultur und ihrem anerkannten Eigenwert. Die Freiheit der Methodenwahl ist somit ebenfalls der verantwortlichen Begründung unterworfen.

Auch die Freiheit der Mitteilung des Erforschten und als zutreffend Erkannten gehört zu den Freiheiten von Wissenschaft und Forschung. Hierbei kehrt sich allerdings der Verantwortungsaspekt in aller Regel um: Wer das, was er erkannt hat, verheimlicht, muß sich fragen, ob er dies aus vertretbaren Gründen tut und nicht etwa aus Faulheit oder Eigensucht.

Schließlich bleibt noch die Freiheit der Anwendung dessen, was man erforscht, entdeckt, erfunden hat: Daß sie ganz unabhängig von der Freiheit zu erforschen, zu entdecken, zu erfinden beurteilt werden muß, sollte eigentlich keinem Zweifel unterliegen. Wie sonst könnten Menschen sich dazu verstehen, der Forschung und den Forschern umfassende Freiheiten zu gewähren, Wissen zu erlangen und Erfindungen zu machen, die sich ja auch als schädlich oder gefährlich für das Gemeinwohl erweisen können, wenn alles, was entdeckt und erfunden wird, zur Anwendung gelangen würde? Freiheit der Forschung schließt deshalb den Anspruch auf automatisch folgende Freiheit zur Anwendung von Entdeckungen kategorisch aus. Ein anderer Standpunkt wäre für die Gesellschaft unerträglich und für Wissenschaft wie Forschung längerfristig tödlich. Der Wissenschaftler selbst hat guten Grund, dies klarzustellen.

So sollte jeder Forscher zweimal überlegen, ob er das, was er — in aller Regel mit Mitteln der Gemeinschaft — entdeckt, für seine private Nutzausbeutung reservieren, d. h. in aller Regel patentieren darf, gefährdet er dadurch womöglich doch den guten Willen der Gemeinschaft, ihm die materiellen Voraussetzungen für sein freies Forschen zu gewähren. Andererseits ist es im Interesse der Gemeinschaft, daß freie Wissenschaftler unabhängig von privatwirtschaftlichen Interessen forschen: Woher sonst sollte der Bürger Kenntnis über die tatsächliche Wirklichkeit, in der er lebt, erlangen, wenn nicht von jenen Erkenntnisspezialisten, die frei von Sonder-, vor allem Eigeninteressen allein der wissenschaftlichen Zuverlässigkeit ihrer Erkenntnisse verpflichtet forschen?

Ohne die Freiheit der Wissenssuche darf also von Forschung gar nicht gesprochen werden. Das Ja zur Forschung, das Ja zur wissenschaftlichen Erkenntnis schließt daher zugleich — unausgesprochen oder ausgesprochen — die Bereitschaft ein, dabei auf neue Erkenntnisse zu stoßen, die vielleicht besser unentdeckt geblieben wären. Dies ist das Risiko des Vorstoßes in das geistige Neuland des Fortschritts. Sonst müßten wir im voraus wissen, was erst durch weitere Forschung künftig gewußt wird, um zu erfahren, was wir besser nicht wissen sollten. Deshalb ist die Freiheit des Erkenntnisfortschritts in ihrem Ursprung wie in ihren Folgen stets ambivalent. Von ihrem Ursprung, weil sich der Wunsch nach neuen Einsichten und neuen Problemlösungen immer mit der Furcht und dem Risiko unerwünschter Überraschungen verbindet. Von ihren Folgen, weil sich immer wieder herausstellt, daß anfangs noch so nützlich erscheinende Entdeckungen bei massenhafter Verbreitung oder Anwendung Spät- und Nebenfolgen zeitigen, die nicht vorhersehbar waren oder aus ökonomischer Kurzsichtigkeit oder aus niederer Habgier nicht gesehen werden sollten.

Auch in dritter Hinsicht gibt die Freiheit des Forschers Anlaß zu Vorsicht und zu verantwortungsvoller Selbstprüfung des einzelnen Wissenschaftlers wie der Wissenschaft als organisierter Institution: Freiheit zum Forschen schließt zugleich die Freiheit zum Irrtum ein, was die Pflicht zum Zweifel an vermeintlichen eigenen Erkenntnissen impliziert. Dadurch verbindet sich mit der Freiheit der Wissenschaft zugleich die Notwendigkeit einer strikten sozialen Kontrolle des Gebrauchs dieser Freiheit.

Dies ist der tiefere Grund dafür, warum sich Wissenschaftler und Wissenschaften oft so vehement dagegen zur Wehr setzen, wenn beliebige, „alternative" Meinungen und weltanschaulich motivierte Fantasiegebilde sich das Mäntelchen der Wissenschaftlichkeit umhängen, um ihren Lehren öffentliche Durchsetzung und Anerkennung zu verleihen; vom Kreationismus bis zur Scientology mangelt es nicht an Beispielen. Niemand will solchen Bekenntnissekten die Freiheit der Meinungsäußerung, geschweige denn die des religiösen Bekenntnisses verweigern. Auf die Freiheit der Wissenschaft wie auf den Geist der Wissenschaft selbst können sie sich jedoch nicht berufen. Sie könnten es nur dann, wenn sie sich der ständigen, für alle Gegenargumente offenen, kritischen Überprüfung ihrer Behauptungen oder Schlußfolgerungen unterwürfen, der sich Wissenschaft, die diese Bezeichnung verdient, in Anbetracht ihrer unüberwindlichen Irrtumsanfälligkeit immer aussetzen und stellen muß.

Nicht, weil Wissenschaft einen absoluten Wahrheitsanspruch erheben will, grenzt sie sich scharf von solchen pseudowissenschaftlichen Bekenntnislehren ab, sondern weil sie nur das als wissenschaftlich gelten lassen kann, was sich im Bewußtsein eigener Fehlbarkeit der Infragestellung durch ständige Überprüfung an nachweisbaren Tatsachen unterwirft.

Die Garantie der Freiheit

Die Freiheit von Wissenschaft und Forschung und die Verantwortung von Wissenschaftlern und Forschern für das, was sie tun oder lassen, sind also untrennbar miteinander verbunden. Man muß dies klar vor Augen haben, wenn man die rechtliche Garantie betrachtet, mit der der Staat derlei Freiheitsansprüche gewährleistet und sichert. Es gibt keinen Zweifel daran (deutsche Wissenschaftler haben allen Grund, nach der zum Teil selbstverschuldeten Unterdrückung der Freiheit von Wissenschaft und Forschung unter dem Terrorregime des Nazi-Staates dafür besonders dankbar zu sein), daß sich die Verfassung der Bundesrepublik Deutschland so eindeutig wie kaum eine andere zur Freiheit von Wissenschaft und Forschung bekennt und sie in vollem Umfang garantiert.

Artikel 5 Absatz 3 des Grundgesetzes für die Bundesrepublik Deutschland faßt die wichtigste Voraussetzung eines lebendigen geistigen Lebens im Rahmen unserer Gesellschaftsordnung in einen einzigen, unmißverständlich klaren Satz: „Kunst und Wissenschaft, Forschung und Lehre sind frei." Wobei die Freiheit der Lehre im Nachsatz allein dadurch eingeschränkt wird, daß sie „nicht von der Treue zur Verfassung entbindet", was eine Selbstverständlichkeit sein sollte, da die Verfassung mit dieser Freiheit nicht zugleich das Recht auf die Zerstörung ihrer Voraussetzungen gewähren kann.

Hingegen scheint das Grundgesetz auf den ersten Blick für Kunst, Wissenschaft und Forschung überhaupt keine Schranken zu setzen: sie sollen frei sein — ohne Wenn und Aber. Ein solches unumschränktes Bekenntnis des Gesetzgebers zur Wissenschaftsfreiheit, diese grundgesetzliche Garantie der Geistesfreiheit — der in Artikel 4 und 5 (1) die ebenso uneingeschränkte Garantie der Freiheit des religiösen Bekenntnisses und der Meinungsäußerung entspricht — gehört zu den tragenden Säulen einer menschenwürdigen, freiheitlichen Verfassungsordnung. Wenn Wissenschaftler und Forscher sich auf sie berufen, tun sie dies nicht aus maßloser Eigensucht, aus eitler Selbstüberschätzung oder um ihrem gesellschaftlichen Stand ein überkommenes Privileg zu sichern. Sie tun es und dürfen sich dabei nicht nur auf das Grundgesetz, sondern auf alle wirklich freiheitlichen Verfassungen berufen, weil das Streben nach wissenschaftlicher, d. h. zuverlässiger Erkenntnis über die Tatsachen der Welt, in der wir leben, ein so natürlicher Anspruch, ja eine solche Lebensnotwendigkeit für alle Menschen ist, daß ein Leben in Freiheit und Menschenwürde ohne dieses Recht auf freie Erkenntnissuche nicht denkbar ist. Nicht nur daß der Mensch von Natur aus wie kein anderes Lebewesen dazu befähigt und darauf begierig ist, nach Wissen zu streben, seine Überlebensfähigkeit hängt von nichts anderem so sehr ab wie von seiner Erkenntnisbereitschaft, seiner Erfindungskraft und seinem Einsichtsvermögen.

Freiheit ist nicht Willkür

Das mag für manchen so klingen, als könne der Wissenschaftler oder der Forscher, wenn er sich unter dem Anspruch der Wissenschaftlichkeit betätigt, alle sittlichen und rechtlichen Fesseln und Normen abschütteln, als sei er — sogar durch das Grundgesetz selbst — zu absoluter Willkür ermächtigt, frei seinem Wissensdrang zu folgen, was immer dessen Folgen wären. Kann es sein, daß dies vom Gesetzgeber so gewollt ist? Ich meine, daß dies ein profundes Mißverständnis wäre. Eine derartige Schrankenlosigkeit ist keineswegs aus dem statuierten Freiheitsrecht von Wissenschaft und Forschung zu folgern. Das Grundrecht auf Forschungsfreiheit sichert zuallererst den Freiraum für die eigene Entscheidung. Es verwehrt vor allem dem Staat, der auf das Grundgesetz verpflichtet ist, die Freiheit des Wissenschaftlers zur Erkenntnissuche nach Belieben zu beschneiden und zu verkürzen. Diese Freiheit ist aber alles andere als beliebig und von jeder ethischen Verantwortung freigestellt. Im Gegenteil: Zusammen mit dem Recht auf Ausübung der Freiheit zur Suche nach Erkenntnis ist jedem, der diese Freiheit in Anspruch nimmt, zwingend auferlegt, auch die Verantwortung dafür zu tragen, daß das, was er tut, nach Sittengesetz und Rechtsordnung erlaubt und vertretbar ist.

Es gibt also keine Freiheit ohne die Last der Verantwortung für ihren Gebrauch; auch dem Wissenschaftler und Forscher kann das Grundgesetz eine solche Freiheit von der Verantwortung nicht gewähren, es kann lediglich die Freiheit zur Verantwortung sichern. Und diese Freiheit ist ein großartiges Gut unserer Verfassungsordnung, mit dem die Wissenschaftler mit großer Sorgfalt umzugehen haben.

Damit stellt sich zugleich die Frage, nach welchen Maßstäben sich diese Verantwortung des Wissenschaftlers und Forschers zu richten hat — kann er sie nach Belieben selbst bestimmen? Der Forscher als sein eigener Gesetzgeber — ist das vielleicht gemeint? Das würde die Last der Verantwortung recht leicht machen, wenn jeder sie nach Gutdünken wählen könnte. Aber das trifft keineswegs zu.

Verfassung als die Norm für alle

In einer weltanschaulich neutralen und pluralen, d. h. der Weltanschauungs- und Bekenntnisfreiheit des einzelnen verpflichteten Gesellschaft kann es zwar keine für alle Bürger gleichermaßen gültigen Moralvorschriften geben, doch heißt dies nicht, daß eine solche Gesellschaft deshalb ganz ohne die Beachtung moralischer Gebote auskommen könnte. Das ist ganz undenkbar.

Tatsächlich überläßt sie es ihren Bürgern nur, selbst zu entscheiden, welchen sittlichen Normen sie sich unterwerfen wollen. Als gemeinsamer Rahmen für alle aber, die diesen weitgespannten Freiraum selbstbestimmter Moralgesinnung — z. B. in freiwilliger Verpflichtung zur Mitgliedschaft in einer Religionsgemeinschaft — nutzen dürfen, dient die Verfassung selbst, gleichsam als Minimum dessen an Gesetzen, denen sich jeder Bürger unserer Rechtsgemeinschaft unterwerfen muß. Moralbegründungen mag es viele geben, darin ist jeder Bürger frei zu wählen, doch die Verfassung hat für alle Geltung: Sie nimmt den Bürger unter sorgfältig begrenzten Normenzwang.

Daraus folgt, daß dem freien Forschen — als einem erkenntnissuchenden Handeln — schon durch das Grundgesetz selbst weit engere Grenzen vorgegeben sind (obwohl Artikel 5 Absatz 3 nach erstem Schein davon gar nicht spricht) als etwa der allgemeinen Wissenschaft als einer zunächst rein geistigen Tätigkeit des erkennenden Denkens, des Wissensaustausches und der Wissensvermittlung. Wissenschaftliches Denken wie Argumentieren mögen in weitestem Sinne frei sein. Wer aber forschend handelt, Eingriffe in seine Umwelt vornimmt, um neues Wissen zu erlangen, hat eine lange Liste rechts- und freiheitssichernder Bestimmungen des Grundgesetzes und der in ihm begründeten verfassungsmäßigen Rechtsordnung zu beachten, ohne daß deshalb schon seine Forschungsfreiheit verletzt würde. Der Forscher hat insbesondere die grundgesetzlich und in abgeleiteten einfachen Gesetzen garantierten Freiheits-, Persönlichkeits- und Besitzrechte seiner Mitbürger peinlich genau zu respektieren. Niemand kann sich auf seine Forschungsfreiheit berufen, würde er Mitbürger ohne deren ausdrückliches Einverständnis ausforschen, überwachen oder analysieren. Dies gilt in noch schärferem Maße, wenn der Forscher — zum Beispiel als Arzt, Psychologe, Pädagoge, Anthropologe oder Humangenetiker — Mitmenschen Eingriffen unterwirft oder Prozeduren unterzieht, die sie gleichsam zum Objekt, zum bloßen Gegenstand seiner Forschung machen. Es kommt dabei nicht auf die gute oder noch so menschenfreundliche Absicht an, mit der diese Forschungen begründbar wären.

Die Artikel 1 und 2 des Grundgesetzes enthalten absolute Normen, die zwar wie alle Normen — das gilt selbst für die Zehn Gebote — vor Anwendung im Einzelfall der Auslegung bedürfen, deren Gültigkeitsanspruch aber streng, uneingeschränkt und daher auch für jeden Forscher zwingend bindend ist: „Die Würde des Menschen ist unantastbar" und „Jeder hat das Recht auf Leben und körperliche Unversehrtheit".

Aus dem Recht auf Leben und körperliche Unversehrtheit folgt nicht nur, daß der einzelne nicht ohne seine Zustimmung lebens- oder gesundheitsgefährdenden Behandlungen oder Untersuchungen unterworfen werden darf, auch wenn diese wissenschaftlich erkenntnisfördernd wären. Aus diesem Anrecht folgt ebenso, daß der Forscher nicht in Kenntnis möglicher Gefahren wissenschaftliche Arbeiten durchführen darf, die seine Mitmenschen oder deren Lebensbedingungen gefährden oder beeinträchtigen können, ohne deren vorherige Erlaubnis dazu einzuholen.

Gesetze, die der Forschung für die Sicherheit der Bürger oder der Umwelt, in der sie leben und auf deren Wohlbehaltenheit sie angewiesen sind, Beschränkungen auferlegen, können durchaus begründet sein und verletzen die Freiheit von Wissenschaft und Forschung dann nicht, wenn sie ihnen nur solche Einschränkungen auferlegen, die der Abwehr nachweislich drohender Gefährdungen dienen. Dem können Wissenschaftler auch nicht widersprechen. Im Gegenteil: ihr eigenes Interesse an der Unversehrtheit von Leben und Gesundheit stimmt mit dem Wunsch ihrer Mitmenschen überein. Wie sollten sie dafür nicht sorgen wollen?

Ungerechtfertigte Beschränkungen der Forschungsfreiheit

Ganz anders ist es jedoch dann, wenn lediglich vermutete, nicht aber mit guten Gründen anzunehmende Gefährdungen, die von Forschungen ausgehen können, zum Anlaß genommen werden, um Einschränkungen der Forschungsfreiheit einzufordern. Da es das Wesen wissenschaftlicher Forschung ausmacht, Neues, bisher Unbekanntes zu entdecken, dessen nützliche oder schädliche Folgen nicht im voraus beurteilt oder eingegrenzt werden können, müßte eine Gesetzgebung, die Forschung wegen möglicher, aber noch unbekannter Gefahren, die sich aus ihren Ergebnissen ergeben könnten, einschränken oder verbieten wollte, sehr bald dabei enden, die Forschung als Mittel zur Gewinnung neuer Erkenntnisse gänzlich zu verbieten. Dies aber würde eklatant die Grundrechtsgarantie der Forschungsfreiheit verletzen.

Andererseits hat kein Forscher das Recht, sehenden Auges erkennbare Schadensrisiken heraufzubeschwören, die nicht nur er selbst, sondern auch andere Menschen und andere Lebewesen mitzutragen hätten; deshalb ist es ihm auch zuzumuten, sich bei seinem Forschen ausreichenden Sicherheitsvorkehrungen zu unterwerfen — etwa wenn er mit krankheitserregenden Keimen oder mit brand- oder vergiftungsgefährdenden Stoffen experimentiert. Solange er die notwendigen Sicherheitsvorkehrungen einhält, bleibt es sein Recht, in freier, eigener Entscheidung seine Forschungen zu verfolgen.

Die Staatsgewalt darf ihm dieses Recht auch nicht dadurch faktisch rauben, daß sie — bei grundsätzlicher Bejahung der Forschungsfreiheit — so kleinlich-bürokratische, zeitraubende oder unnötig kostspielige Bedingungen an eine Genehmigung knüpft, daß international konkurrenzfähige Forschungsprojekte praktisch unmöglich werden. Solch bürokratisch übertriebene und nicht durch Sicherheitsbelange begründete Forschungserschwernis unterschiede sich nur in Graden von einem freiheitsraubenden, staatlichen Forschungsverbot.

Schwierige Grenzfragen für die Einschränkung von Forschungsfreiheit ergeben sich auf dem Gebiet des Tier-, Natur- und Umweltschutzes. Der Forscher wird die vorherrschenden Moral- und Rechtsvorstellungen der Gemeinschaft, in der er lebt und die sein Forschen ermöglicht, selbst dann sorgfältig zu beachten haben, wenn er triftige Gründe vorzubringen hat, warum bestimmte Tierversuche oder Eingriffe in das Naturgeschehen ethisch vertretbar oder sachlich notwendig sind.

Es wäre ein oberflächlich-formales Verständnis vom Recht auf Forschungsfreiheit, sich den zur Abwägung konkurrierender Rechtsgüter und Moralbegriffe notwendigen öffentlich-argumentativen Auseinandersetzungen unter Berufung auf die scheinbar schrankenlose Forschungsgarantie des Grundgesetzes zu entziehen. Auch Wissenschaft und Forschung können nicht losgelöst von den gesellschaftlichen und kulturgeschichtlichen Zusammenhängen existieren, aus denen sie hervorgegangen sind und in die sie eingebettet bleiben. Versuchten sie es, würden sie scheitern.

Forschung, von deren gutem Sinn und wohlbegründeter Notwendigkeit selbst sorgfältig unterrichtete Bürger — und deren hoffentlich besonders umfassend unterrichtete politische Vertreter — nicht überzeugt werden können, hat keine Zukunftschancen, selbst wenn sie objektiv betrachtet durchaus im Rahmen moralisch und rechtlich verantwortbarer Forschungsfreiheit bliebe. Dagegen hilft auf Dauer kein Klagen — unter Umständen nicht einmal das Klagen vor Gerichten —, dagegen hilft nur intensives öffentliches Aufklären, Argumentieren und die der Wissenschaft wesenseigene Hoffnung, daß die Vernunft auf lange Sicht nicht unterliegen wird.

Doch dies ist kein Freibrief für politisch-gesellschaftliche Willkür gegen unliebsame — wenn auch rechtmäßige — Forschung: Dem Grundgesetz hat sich nämlich zuallererst die Staatsmacht selbst zu unterwerfen. Sie hat daher die Forschungsfreiheit von sich aus zu sichern und zu fördern, und nicht erst unter dem Druck von Wissenschaftlern, die um ihre Rechte kämpfen müssen.

Freiheit zur Verantwortung

Moralische wie gesetzliche Schranken der Verantwortung, die jeder Forscher zu beachten hat, sind zugleich Schranken, die ein weites freies Feld der wissenschaftlichen Erkenntnissuche eher sichern als begrenzen. Sie sichern es, weil freie Bürger ihre Wissenschaftler nur dann mit einigem Zutrauen in deren Vertrauenswürdigkeit ihrem Handwerk der Erkundung von Neuland nachgehen lassen, wenn sie gewiß sein können, daß die Wissenschaftler selbst die ihnen gewährte Freiheit nicht als Freibrief zur Verantwortungslosigkeit mißdeuten oder mißbrauchen. Die gewährte Freiheit ist ein viel zu wertvolles und unersetzliches Gut, als daß es der Forscher aus Eigensinn oder Eigensucht gefährden dürfte.

Der maßvolle, richtige und dem Gemeinwohl förderliche Gebrauch von Forschungsfreiheit sollte allen Wissenschaftlern ein ganz besonderes Anliegen sein. Sie sollten sich an die ihnen gesetzten und von ihnen zu bejahenden Verantwortungsnormen halten und zugleich den gegebenen Freiraum für das Vorankommen und Fortschreiten wissenschaftlicher Erkenntnis nutzen, indem sie dafür sorgen, daß das Erforschbare und Erforschungswürdige der allgemeinen Einsicht erschlossen wird. Je zuverlässiger und bedachter der Fortschritt aus ihrem Forschen und je offener die Erörterung der Ergebnisse und Befunde, auch möglicher Probleme und Gefährdungen, um so weiter der Raum der Freiheit, den Wissenschaft und Forschung nutzen können. Auch der verständige Bürger anerkennt, daß nur freie Forschung zuverlässige Antworten auf offene Fragen der Gegenwart für die Zukunft geben kann und zur Lösung von Problemen ebenso notwendig ist wie zur Sicherung des erreichten Fortschritts.

Wer ehrlich ist, wird nicht bestreiten, daß Wissenschaft wie Forschung oft genug neue Probleme schaffen, indem sie alte Probleme lösen — Erkenntnisprobleme, Anwendungsprobleme, Folgeprobleme des Entdeckten, Erfundenen, Produzierten und Genutzten. So wird ein Skeptiker sich vielleicht fragen, ob die wissenschaftliche Forschung nicht am Ende mehr Probleme schafft, als sie mit besten Kräften selbst wieder zu lösen vermag. Die Erfahrungen der Vergangenheit haben dies nicht bestätigt. Doch wird dies den wissenschaftlich vorgebildeten Skeptiker nicht beruhigen: weiß er doch nur zu gut, daß eine grundsätzlich offene, unvorhersagbare Zukunft der Preis jeder Freiheit von Wollen und Handeln ist. Aber diese Freiheit eröffnet auch immer wieder neue Chancen, die aufgetretenen Probleme zu bewältigen.

Der Unüberschaubarkeit dessen, was der Fortschritt künftig bewirkt, entspricht die Freiheit zu verhindern, was wir nicht wünschen, wenn wir uns ihrer mit Klugheit und Zuversicht bedienen. Daß dies möglich ist, garantiert die Verfassung.

Kassandra ist zwar populär, aber ihr Ruf gründet auf einem scheinheiligen Kalkül: Trifft das Unglück ein, so hat sie recht; ereignet es sich nicht, so hat sie es eben mit ihrer Warnung verhindert! Daran ist nur richtig, daß man das, was man nicht eintreten lassen will, ebenso sorgfältig analysieren sollte wie das erwünschte Ziel. Keiner kann vorwärtsschreiten und die Zukunft gewinnen, der sich ausschließlich darauf konzentriert zu ergründen, auf welche Abwege uns die Erkenntnissuche und der Fortschritt führen könnten. Nichts lähmt so sicher wie die hemmungslose Angst vor unbekannten Folgen eigenen Handelns. Die grundgesetzliche Garantie der Forschungsfreiheit ist zugleich Ausdruck einer freien Gesellschaft, die es sich zutraut und imstande ist, von ihrer Freiheit vernünftigen Gebrauch zu machen.

SUCHT UND SUCHE
Ein Nachwort

In den Beiträgen dieses Buches war viel von jenem Fortschritt die Rede, den wir der wissenschaftlichen Forschung verdanken; welche Errungenschaften er uns brachte, wie er nicht nur das Leben der Menschen ungeheuer bereicherte, sondern wie er Abermillionen von Menschen ein Überleben überhaupt erst ermöglicht hat. Aber genausowenig konnte der Preis verschwiegen werden, den nicht nur die Menschen, sondern die ganze Natur für diese Errungenschaften des Fortschritts entrichtet haben und in ständig rascher steigendem Ausmaß entrichten müssen. Es war von den Voraussetzungen des wissenschaftlichen und technischen Fortschritts die Rede und von den Risiken und Folgen, die mit ihm verbunden sind; von der Notwendigkeit, ja Unvermeidbarkeit des weiteren Erkenntnisfortschritts und den Befürchtungen, die sich daran knüpfen, daß wir damit unaufhörlich Veränderungen unserer Daseinsbedingungen erzeugen, von denen man nur hoffen kann, daß sie sich überwiegend positiv auswirken, von denen aber nach allen Erfahrungen der Vergangenheit eher gewiß ist, daß sie uns vor neue, unbekannte Herausforderungen stellen werden, von denen zumindest ungewiß bleibt, ob wir sie auch bestehen werden.

Es war davon die Rede, daß aller Fortschritt aus der Wißbegier der Forscher und ihrer Freiheit zur Suche nach neuen Erkenntnissen entspringt und daß beide unersetzlich sind, wenn wir die allenthalben drohenden Gefahren für unser Dasein überwinden wollen, aber auch davon, daß dieser Neugier auf das Lösen von Rätseln und der freien Wahl der Ziele und Lösungswege Grenzen gesetzt bleiben müssen, die sich einerseits aus der sittlichen Verantwortung der Forscher selbst ergeben, andererseits aber auch aus der Achtung der Rechte anderer Menschen, die nicht nur von den Ergebnissen der Forschung betroffen sein können, sondern dafür auch noch die Mittel aufzubringen haben. Es wurde erläutert, daß die Forschung der öffentlichen Kontrolle nicht nur bedarf, um den Fortschritt zu zähmen, den sie mit antreibt, sondern daß sie in ihrem ureigensten Streben nach Wahrheit und Einsicht dadurch gefördert wird, daß sie sich immer wieder öffentlicher Kritik aussetzt.

All dies zusammengefaßt, habe ich die verschiedenen, höchst ambivalenten Aspekte des Fortschritts durch wissenschaftliche Forschung und von ihr angeleitete Technik auf den Begriff der „Fortschrittsdroge" verkürzt, da wir dem Wunsch nach Fortschritt zu Neuem, Besserem einerseits tatsächlich wie einem Rauschmittel verfallen und andererseits des Fortschritts durch neue Problemlösungen, bessere Erkenntnisse, tiefere Einsichten wie eines Heilmittels deshalb immer mehr bedürfen, weil uns der ungebremste Fortschritt unserer Zivilisationsentfaltung bis an den Rand (manche meinen sogar: schon über den Rand) einer katastrophenhaften Krise unserer Lebensbedingungen getrieben hat. Weil der Mensch wie eine ungebremste Seuche über die ganze belebte Erde hergefallen ist und weil es im Schoß einer schwer erkrankten Mutter Erde auch für ihr zugleich gelungenstes und mißratenstes Kind, den Menschen, künftig kein Wohlergehen geben kann. Die Droge Fortschritt, ohne die wir nicht mehr existieren können, soll uns in dieser selbst herbeigeführten Lage nun als Mittel dazu dienen, einen Ausweg zu finden, der uns zusammen mit unserer Mutter Gaia überleben läßt. Und dabei sind wir darauf angewiesen, daß uns Forschen dazu die Möglichkeit eröffnet und die Wege ebnet.

Von alledem war hier bei der Betrachtung der vertrackten Wechselbeziehung von Forschung und Fortschritt, diesem Teufelskreis oder dieser Glücksspirale — je nachdem, wie wir ihr Zusammenspiel zu nutzen wissen —, sehr ausführlich die Rede.

Und dennoch fehlte dabei ein wesentlicher Punkt. Von Nutzerfolg und Schadensfolgen der Forschung war die Rede, von Chancen, Risiken, von Nützlichkeit, Kosten, von Auftrag, Verantwortung und Grenzen — nur eines kam dabei fast gar nicht zur Sprache: die Freude am Forschen, die Lust am Spiel der Erkenntnissuche, am Rätsellösen, am Puzzlezusammenfügen, die den Forscher treibt. Was immer Forschung ist und tut, bedeutet und bewirkt: Geht man zurück zu ihren Quellen, denen sie tatsächlich entspringt, dann ist sie vor allem auch ein wundervolles Abenteuer menschlichen Geistes, der die Grenzen seines Verständnisses der Welt zu überwinden sucht. Zwar ist es nur wenigen Forschern in ihrem Wissenschaftlerleben tatsächlich vergönnt, dabei im Neuland der Erkenntnis einen großen Sprung zu tun. Die meisten müssen sich damit bescheiden, an einer oder wenigen selbstgewählten Stellen in kleinen Schritten zu neuem Wissen vorzudringen und das erreichte Terrain zu sichern und zu kultivieren. Aber die Lust am Forschen, die Freude, im Zusammenspiel mit anderen Forschern, die mit einem in die gleiche Richtung streben, den Fortschritt der Erkenntnis im Fortschreiten des eigenen Erkennens wirklich selbst zu spüren, dies ist eine ganz besondere Erfahrung, die zwar viele Mühen erfordert, aber auch belohnt.

Gewiß, die Fortschrittsdroge droht zur Fortschrittssucht zu führen; aber es gibt auch eine humane Form davon in enger sprachlicher Verwandtschaftsnähe: Wenn uns die Fortschrittsdroge nicht zur Sucht wird, sondern uns zur Suche nach jener Wahrheit antreibt, die uns durch besseres Erkennen unserer Wirklichkeit zu tieferer Einsicht unser selbst und unserer Lage führt, die uns dazu verhilft, das, was wir tun, nach bestem Wissen und Gewissen, das heißt nach verantwortungsbewußtem Urteil zu unternehmen, dann kann der Fortschritt, dieser Kennbegriff des Menschseins, auch den Schlüssel zur Fortentwicklung unserer Menschlichkeit bedeuten.

Wenn wir verkennen, daß die Lust am Forschen, an neugieriger Erkenntnissuche nicht nur dazu da ist, unsere wirtschaftliche Wettbewerbsfähigkeit zu steigern, das Bruttosozialprodukt zu mehren, Märkte zu erobern und Erträge zu sichern, und daß sie auch keine gefährliche Suchtneigung ist, die es einzuschränken oder gar zu unterdrücken gilt, sondern daß sie etwas vom Besten ist, wozu uns unsere menschliche Natur befähigt, die Triebfeder unserer Suche nach klarer Einsicht und zum richtigen Leben, dann werden wir auch keine Chance haben, aus dem Labyrinth an Problemen herauszufinden, in das uns unser Fortschrittsdrang geführt hat. Der Minotaurus, der uns dort erwartet, wäre nach griechischem Mythos auch durch Menschenopfer — das Opfer unseres Menschseins, das darin besteht, uns den Verhältnissen nicht zu fügen, sondern sie zu ändern — nur für eine kurze Frist zu befriedigen. Es ist schon besser, wenn wir dem klugen Rat der Ariadne folgen und uns auf intelligente Weise am roten Faden unseres Wissens einen Ausweg aus den verworrenen Verhältnissen suchen, in die wir uns verrannt haben.

Es sollte dann am Ende für die Fortschrittsdroge das gleiche gelten wie für andere berauschende Mittel; Prohibition ist keine gute Lösung. Zu lernen, sie in Maßen richtig zu benutzen, läßt uns von ihrer Wirksamkeit profitieren, ohne uns dadurch zu gefährden.

Die Beiträge stützen sich auf folgende Quellen:

1. *Fortschritt und Forschung*
   Vortrag, Forum Philippinum, Universität Marburg,
   30. 10. 1991

2. *Die Zukunft holt uns ein*
   In gekürzter Form abgedruckt in Frankfurter Allge-
   meiner Zeitung, 30. 5. 1992

3. *Moderne Heilkunde*
   Vortrag, 100-Jahr-Feier der Deutschen Pharmazeu-
   tischen Gesellschaft, Berlin, 9. 9. 1990

4. *Schafft Wissen Macht?*
   Vortrag, Reihe „Öffentliche Wissenschaft", Boeh-
   ringer, Mannheim, 5. 11. 1991

5. *Wissenschaft und Öffentlichkeit*
   Vortrag, Preisverleihung „Reporter der Wissenschaft" 1991, Hamburg, 3. 6. 1992

6. *Freiheit, die ich meine*
   Vortrag, Reihe „Lebendige Verfassung — 40 Jahre
   Grundgesetz", Süddeutscher Rundfunk, Heidelber-
   ger Studio, 1989

TEXTE + THESEN

AUSWAHL LIEFERBARER TITEL

Politik/Zeitgeschehen

Arnim, Hans Herbert von
Macht macht erfinderisch
Der Diätenfall: ein politisches Lehrstück
ISBN 3-7201-5**214**-6   14,-

Büscher, R./Homann, J.
Japan und Deutschland
Die späten Sieger?
ISBN 3-7201-5**229**-4   14,-

Gysling, Erich
Arabiens Uhren gehen anders
Eigendynamik und Weltpolitik in Nahost
ISBN 3-7201-5**149**-2   14,-

Heck, Bruno
Vaterland Bundesrepublik?
ISBN 3-7201-5**174**-3   14,-

Hellmer, Joachim
Anpassung oder Widerstand?
Der Bürger als Souverän —
Grenzen staatlicher Disziplinierung
ISBN 3-7201-5**201**-4   14,-

Klages, Helmut
Häutungen der Demokratie
ISBN 3-7201-5**246**-4   14,-

Kromka, F./Kreul, W.
Unternehmen Entwicklungshilfe
Samariterdienst oder die Verwaltung
des Elends?
ISBN 3-7201-5**235**-9   14,-

Kühnhardt, L./Pöttering, H.-G.
Europas vereinigte Staaten
Annäherungen an Werte und Ziele
ISBN 3-7201-5**237**-5   14,-

Langguth, Gerd
Der grüne Faktor
Von der Bewegung zur Partei?
ISBN 3-7201-5**169**-7   14,-

Laufer, Heinz
Bürokratisierte Demokratie
ISBN 3-7201-5**157**-3   14,-

Lendvai, Paul
Das einsame Albanien
Reportage aus dem Land der Skipetaren
ISBN 3-7201-5**177**-8   14,-

Lendvai, Paul
Das eigenwillige Ungarn
Von Kádár zu Grósz
ISBN 3-7201-5**195**-6   14,-

Lübbe, Hermann
Freiheit statt Emanzipationszwang
Die liberalen Traditionen
und das Ende der
marxistischen Illusionen
ISBN 3-7201-5**233**-2   14,-

Meissner, Boris
Sowjetische Kurskorrekturen
Breshnew und seine Erben
ISBN 3-7201-5**168**-9   14,-

Mensing, Wilhelm
Nehmen oder Annehmen
Die verbotene KPD auf der Suche
nach politischer Teilhabe (Bd. 1)
ISBN 3-7201-5**220**-0   14,-

Mensing, Wilhelm
**Wir wollen unsere Kommunisten
wieder haben . . .**
Demokratische Starthilfen für
die Gründung der DKP (Bd. 2)
ISBN 3-7201-5**221**-9   14,-

Müller, Christian
Europa von der Befreiung zur Freiheit
Der Epochenwechsel aus Schweizer Sicht
ISBN 3-7201-5**248**-0   14,-

Nenning, Günther
Die Nation kommt wieder
Würde, Schrecken und Geltung
eines europäischen Begriffs
ISBN 3-7201-5231-6   14,-

Oberreuter, Heinrich
**Parteien — zwischen Nestwärme
und Funktionskälte**
ISBN 3-7201-5165-4   14,-

Oberreuter, Heinrich
Stimmungsdemokratie
Strömungen im politischen Bewußtsein
ISBN 3-7201-5205-7   14,-

Rother, Werner
Die Seele und der Staat
ISBN 3-7201-5218-9   14,-

Rühle, Hans
Angriff auf die Volksseele
Über Pazifismus zum Weltfrieden?
ISBN 3-7201-5175-1   14,-

Schlosser, Günter
Briefe vom Kap
Ein Deutscher über seine Wahlheimat
Südafrika
ISBN 3-7201-5193-X   14,-

Schroeder, Peter W.
Europa ohne Amerika?
ISBN 3-7201-5230-8   14,-

Ströbinger, Rudolf
Poker um Prag
Die frühen Folgen von Jalta
ISBN 3-7201-5181-6   14,-

Weidenfeld, Werner
Ratlose Normalität
Die Deutschen auf der Suche
nach sich selbst
ISBN 3-7201-5172-7   14,-

Zimmermann, Ekkart
Massen-Mobilisierung
Protest als politische Gewalt
ISBN 3-7201-5163-8   14,-

Wirtschaft/Soziales

Büscher, R./Homann, J.
**Wandert die deutsche
Wirtschaft aus?**
Standortfrage Bundesrepublik
Deutschland
ISBN 3-7201-5215-4   14,-

Büscher, R./Homann, J.
Supermarkt Europa
ISBN 3-7201-5225-1   14,-

Hölder, Egon
Durchblick ohne Einblick
Die amtliche Statistik zwischen Datennot
und Datenschutz
ISBN 3-7201-5179-4   14,-

Kane-Berman, John
Südafrikas verschwiegener Wandel
ISBN 3-7201-5240-5   22,-

Klauder, Wolfgang
Ohne Fleiß kein Preis
Die Arbeitswelt der Zukunft
ISBN 3-7201-5227-8   14,-

Rüthers, Bernd
Die offene ArbeitsGesellschaft
Regeln für soziale Beweglichkeit
ISBN 3-7201-5186-7   14,-

Rüthers, Bernd
Grauzone Arbeitsrechtspolitik
ISBN 3-7201-5190-5   14,-

Theobald, Adolf
Das Ökosozialprodukt
Lebensqualität als Volkseinkommen
ISBN 3-7201-5185-9   14,-

Wingen, Max
**Kinder in der Industriegesellschaft —
wozu?**
Analysen — Perspektiven —
Kurskorrekturen
ISBN 3-7201-5146-8   14,-

Gesellschaft/Modernes Leben

Baier, Horst
Ehrlichkeit im Sozialstaat
Gesundheit zwischen Medizin und
Manipulation
ISBN 3-7201-5207-3   14,-

Brinkhoff, K.-P./Ferchhoff, W.
Jugend und Sport
Eine offene Zweierbeziehung
ISBN 3-7201-5226-X   14,-

Burens, Peter-Claus
Stifter als Anstifter
Vom Nutzen privater Initiativen
ISBN 3-7201-5200-6   14,-

Erffa, Wolfgang von
Das unbeugsame Tibet
Tradition · Religion · Politik
ISBN 3-7201-5245-6   14,-

Grupe, Ommo
Sport als Kultur
ISBN 3-7201-5198-0   14,-

Haag, Herbert
Bewegungskultur und Freizeit
Vom Grundbedürfnis nach Sport
und Spiel
ISBN 3-7201-5188-3   14,-

Hofstätter, Peter R.
Bedingungen der Zufriedenheit
ISBN 3-7201-5192-1   14,-

Kepplinger, Hans Mathias
Ereignismanagement
Wirklichkeit und Massenmedien
ISBN 3-7201-5247-2   22,-

Klages, Helmut
Wertedynamik
Über die Wandelbarkeit des
Selbstverständlichen
ISBN 3-7201-5212-X   14,-

Klose, Werner
Stafetten-Wechsel
Fünf Generationen formen unsere Welt
ISBN 3-7201-5160-3   14,-

Lenk, Hans
Eigenleistung
Plädoyer für eine positive
Leistungskultur
ISBN 3-7201-5164-6   14,-

Lenk, Hans
Die achte Kunst
Leistungssport — Breitensport
ISBN 3-7201-5176-X   14,-

Lenk, H./Pilz, G.
Das Prinzip Fairneß
ISBN 3-7201-5222-7   14,-

Lindner, Roland, Hrsg.
Verspielen wir die Zukunft?
Gespräche über Technik und Glück
ISBN 3-7201-5150-6   14,-

Lübbe, Hermann
Zwischen Trend und Tradition
Überfordert uns die Gegenwart?
ISBN 3-7201-5136-0   14,-

Mast, Claudia
Zwischen Knopf und Kabel
Kommunikationstechnik für Wirtschaft
und Feierabend
ISBN 3-7201-5161-1   14,-

Meves, Christa
**Werden wir ein Volk von
Neurotikern?**
Antrieb — Charakter — Erziehung
ISBN 3-7201-5081-X   14,-

Noelle-Neumann, Elisabeth
Eine demoskopische Deutschstunde
ISBN 3-7201-5155-7   14,-

Noelle-Neumann, Elisabeth
Demoskopische Geschichtsstunde
Vom Wartesaal der Geschichte
zur Deutschen Einheit
ISBN 3-7201-5242-1   22,-

Noelle-Neumann, Elisabeth/
Maier-Leibnitz, Heinz
Zweifel am Verstand
Das Irrationale als die neue Moral
ISBN 3-7201-5202-2   14,-

Oberreuter, Heinrich
Übermacht der Medien
Erstickt die demokratische
Kommunikation?
ISBN 3-7201-5**144**-1   14,-

Piel, Edgar
Im Geflecht der kleinen Netze
Vom deutschen Rückzug ins Private
ISBN 3-7201-5**197**-2   14,-

Rüthers, Bernd
Wir denken die Rechtsbegriffe um...
Weltanschauung als Auslegungsprinzip
ISBN 3-7201-5**199**-9   14,-

Scheuch, Ute und Erwin K.
China und Indien
Eine soziologische Landvermessung
ISBN 3-7201-5**196**-4   14,-

Siemes, Wolfgang
Zeit im Kommen
Methoden und Risiken der magischen
und rationalen Zukunftsschau
ISBN 3-7201-5**228**-6   14,-

Silbermann, Alphons
Der ungeliebte Jude
Zur Soziologie des Antisemitismus
ISBN 3-7201-5**134**-4   12,-

Silbermann, Alphons
Was ist jüdischer Geist?
Zur Identität der Juden
ISBN 3-7201-5**167**-0   14,-

TEXTE + THESEN + VISIONEN
Experten im Dialog mit der Gegenwart
ISBN 3-7201-5**250**-2   22,-

Wingen, Max
Nichteheliche Lebensgemeinschaften
Formen — Motive — Folgen
ISBN 3-7201-5**171**-9   14,-

Wulffen, Barbara von
Zwischen Glück und Getto
Familie im Widerspruch zum Zeitgeist?
ISBN 3-7201-5**128**-X   14,-

Kultur/Wissen

Beinke, Lothar
Was macht die Schule falsch?
Positionen — Pädagogen —
Bildungsziele
ISBN 3-7201-5**236**-7   14,-

Claus, Jürgen
Das elektronische Bauhaus
Gestaltung mit Umwelt
ISBN 3-7201-5**204**-9   14,-

Hammer, Felix
Antike Lebensregeln — neu bedacht
ISBN 3-7201-5**224**-3   14,-

Huter, Alois
**Zur Ausbreitung von Vergnügung
und Belehrung...**
Fernsehen als Kulturwirklichkeit
ISBN 3-7201-5**211**-1   14,-

Mensing, Wilhelm
Maulwürfe im Kulturbeet
DKP-Einfluß in Presse, Literatur
und Kunst
ISBN 3-7201-5**156**-5   14,-

Piel, Edgar
Wenn Dichter lügen...
Literatur als Menschenforschung
ISBN 3-7201-5**208**-1   14,-

Reuhl, Günter
Kulturgemeinschaften
Vom Kräfteverhältnis zwischen
Ideen und Institutionen
ISBN 3-7201-5217-0   14,-

Reumann, Kurt
Lesefreuden und Lebenswelten
ISBN 3-7201-5244-8   14,-

Roegele, Otto B.
Neugier als Laster und Tugend
ISBN 3-7201-5142-5   14,-

Rüegg, Walter, Hrsg.
Konkurrenz der Kopfarbeiter
Universitäten können besser sein:
Ein internationaler Vergleich
ISBN 3-7201-5182-4   14,-

Schult, Gerhard
**Medienmanager oder
Meinungsmacher?**
Vom Verwalten zum Stimulieren
Das Beispiel:
öffentlich-rechtlicher Rundfunk
ISBN 3-7201-5209-X   14,-

Seel, Wolfgang
Bildungs-Egoismus
Alle wollen mehr
ISBN 3-7201-5180-8   14,-

Zec, Peter
Informationsdesign
Die organisierte Kommunikation
ISBN 3-7201-5210-3   14,-

Natur/Umwelt

Eberlein, Gerald L.
**Maximierung der Erkenntnisse ohne
sozialen Sinn?**
Für eine wertbewußte Wissenschaft
ISBN 3-7201-5206-5   14,-

Hammer, Felix
Selbstzensur für Forscher?
Schwerpunkte einer Wissenschaftsethik
ISBN 3-7201-5162-X   14,-

Illies, Joachim
Theologie der Sexualität
Die zweifache Herkunft der Liebe
ISBN 3-7201-5135-2   14,-

Kienle, Paul, Hrsg.
Wie kommt man auf einfaches Neues?
Der Forscher, Lehrer,
Wissenschaftspolitiker
und Hobbykoch
Heinz Maier-Leibnitz
ISBN 3-7201-5232-4   22,-

Kienle, Paul
Forschung im Focus
Experimentalphysik zwischen
Abenteuer und Anwendung
ISBN 3-7201-5249-9   14,-

Lindner, Roland, Hrsg.
Einfallsreiche Vernunft
Kreativ durch Wissen oder Gefühl?
ISBN 3-7201-5223-5   14,-

Lindner, Roland
**Technik zweite Natur
des Menschen?**
ISBN 3-7201-5234-0   14,-

Maier-Leibnitz, Heinz
Der geteilte Plato
Ein Atomphysiker zum Streit
um den Fortschritt
ISBN 3-7201-5138-7   14,-

Maier-Leibnitz, Heinz
Lernschock Tschernobyl
ISBN 3-7201-5191-3   14,-

Malunat, Bernd M.
Weltnatur und Staatenwelt
Gefahren unter dem Gesetz
der Ökonomie
ISBN 3-7201-5213-8   14,-

Markl, Hubert
Die Fortschrittsdroge
ISBN 3-7201-5243-X   14,-

Rühl, Walter
Energiefaktor Erdöl
In 250 Millionen Jahren entstanden —
nach 250 Jahren verbraucht?
ISBN 3-7201-5216-2   14,-

Schmied, Gerhard
Religion — eine List der Gene?
Soziobiologie contra Schöpfung
ISBN 3-7201-5219-7   14,-

Wulffen, Barbara von
Lichtwende
Vorsorglicher Nachruf auf die Natur
ISBN 3-7201-5178-6   14,-

Die Reihe wird fortgesetzt. Fordern Sie Informationsmaterial an.

Verlag A. Fromm, Postfach 19 48, D — 4500 Osnabrück
Edition Interfrom, Postfach 50 05, CH — 8022 Zürich